BOARDING PASS - - - - - - - - - - - - - - AIR COMPANY

潔西卡的甜點登機證
Tour du monde pâtisserie

莊怡君 Jessica 著

作者序
BOARDING PASS - AIR COMPANY

莊怡君 Jessica

我的家人

我的助手怡楨(右)婉筑(左)

法國里昂 Paul Bocuse 學校畢業

對我來說，烘焙不僅是一種工作
它更像是一場隨時準備啓程的冒險

每一份甜點都像是一段故事，裡面藏著時間的味道、心情的溫度，還有一點點對生活的熱情。在這本《潔西卡的甜點登機證》裡，收錄了我這些年來對甜點的愛與堅持，還有每次旅行的驚喜與收穫。對我來說，烘焙不僅是一種工作，它更像是一場隨時準備啓程的冒險，每一個新口味的嘗試，就像是登上了一班不確定目的地的航班，既充滿期待，又有一點未知的刺激。

18年來，我的烘焙之路走過了許多風景，從最初的好奇，到後來的專注，每一次出國旅行，我都會忍不住去探索當地的特色甜點，想了解它們背後的故事。這些小小的味道，像是地圖上的標記，指引我走向不同的文化與歷史。這些旅行中的靈感，成爲了我創作的動力，讓我在每一次烘焙中都能找到不一樣的樂趣。

這本書的誕生，還得感謝我最親愛的丈夫 Guillaume。他的創意和大膽想法，總是能激發我跳脫框架的思考，讓我能夠更開放地看待這本食譜書的內容。書中的四十幾款甜點，不僅有我對各地美味的詮釋，還有我多次測試、反覆推敲後的結果。每一道甜點都是我用心打造的作品，我希望每一位讀者能夠透過這些食譜，感受到我的熱情與用心。

拍攝過程也並不輕鬆。每一道甜點都像是孩子，不能只照顧外表，內在的細節同樣重要。我感謝我的兩位助理，怡楨和婉筑，沒有她們的支持，這本書的拍攝絕對無法順利完成。她們默默地爲我打點一切，讓我可以專心創作，這份默契與合作，讓我每次回想都心生感激。

我還要感謝我的家人，尤其是父母，他們的支持讓我有更多的機會去探索自己，也讓我在忙碌工作中依然能夠找時間完成這本書。最後，感謝我的好朋友們，淑卿、芳宸、鈺錚，他們的協助讓書中的每一個細節都更加完美，還有上優出版社的團隊，讓這本書終於可以與大家見面。希望每一位讀者，都能在這本書裡，找到屬於自己的甜點故事。

Jessica Chuang

推薦序

BOARDING PASS — **AIR COMPANY**

　　在 19 年前擔任高雄餐飲大學甜點講師時就認識 Jessica 老師。從她擔任我在法式甜點課程的小老師其負責認真的態度，就可以看出她對製作甜點烘焙的執著及嚮往，畢業後再到法國甜點學習進修後，並留在法國繼續從事甜點工作多年，亦是少數能說一口流利法語而又能製作甜點的甜點師傅。

　　這一本潔西卡的甜點登機證將自身旅外學習甜點的技巧、經驗，設計出多國創意甜點食譜，相信能帶給的讀者更多新的想法，準備好跟著潔西卡一起登機來一趟甜點旅程了嗎？

李依錫

　　潔西卡是在 2009 年里昂世界盃時認識的。當時，她是台灣隊翻譯義工讓當時的比賽得以順利，已讓人印象深刻。不僅在法國讀書，她更投入學習法式甜點，展現了對甜點的熱情與實力。回國後，她與多位法國 MoF 級的甜點大師合作，參與了許多講習會並取得豐碩成果。此外，她還在各地擔任甜點顧問，協助產品研發與飯店優化甜點品質，展現了全面的專業能力。

　　潔西卡將多年學習與實作的經驗濃縮於《潔西卡的甜點登機證》，無論是甜點初學者還是已有基礎的讀者，都能輕鬆上手，享受甜點製作的樂趣與成就感。這是一本甜點愛好者必備的佳作，值得細細品味、反覆研讀！

李宙禧

　　與潔西卡相識許多年，那時已知道她旅法多年，非常熟悉各式各樣的法式甜點，記得，印象最深刻應該是在 2014 年時，那時我正在準備世界麵包大賽，她帶領我去法國，並用流利的法文翻譯，協助我體驗真正的法國麵包烘焙文化。

　　潔西卡非常熱衷於學習，除了自我精進外，也常跟外國師傅做甜點上的技術交流，有著職人的精神和鄰家女孩的個性，非常熱衷於分享，《潔西卡的甜點登機證》是一本充滿專業甜點教課書，裡面有非常詳細的配方製作介紹，喜愛甜點的你，這絕對是一本值的珍藏的書籍。

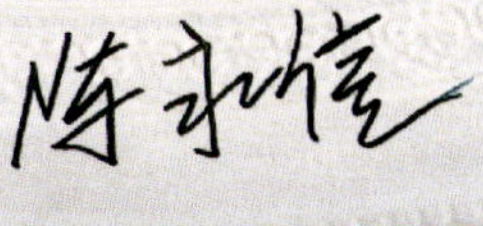

陳永信

BOARDING PASS

目錄

006　美國　America
- 008　軟餅乾　Cookies chocolat
- 012　杯子蛋糕　Cup cake
- 016　布朗尼蛋糕　Brownie
- 020　紐約起司蛋糕　Chesse cake New York
- 024　美式鬆餅　Pancake
- 028　蘋果派　Tarte aux pommes

032　奧地利　Austria
- 034　奧地利沙哈蛋糕　Sacher Torte
- 038　奧地利林茲塔　Linzertorte

042　比利時　Belgium
- 044　比利時列日鬆餅　Gaufres de Liège

048　法國　France
- 050　法式檸檬塔　Tarte au citron
- 054　檸檬旅行蛋糕　Gâteau de voyage au citron
- 058　巧克力閃電泡芙　Éclair au chocolat
- 062　香草瑪德蓮　Madeleine vanille
- 066　法式香橙可麗餅　Crêpes Suzette
- 070　莓果舒芙蕾　Soufflé aux fruits rouges

074　德國　Germany
- 076　黑森林蛋糕　Forêt noire
- 080　薑餅　Bonhomme de pain d'épices
- 084　松露巧克力　Truffes au chocolat

088　義大利　Italy
- 090　提拉米蘇　Tiramisu
- 094　香橙義大利脆餅　Biscotti
- 098　莓果奶酪杯　Panna cotta aux fruits rouges
- 102　西西里奶油捲餅　Cannoli
- 106　義大利麵包棒　Gressin

AIR COMPANY

110	日本		Japan
112	昭和日式布丁		Pudding japonais
116	和菓子銅鑼燒		Doroyaki
120	白色戀人餅乾		Shiroi koibito
124	蘭姆葡萄夾心餅乾		Biscuits rhum raisins
128	日式輕乳酪		Gâteau au fromage léger
132	荷蘭		Netherlands
134	荷蘭餅		Gaufres hollandaises
138	俄羅斯		Russian
140	俄羅斯軟糖		Guimauve russe
144	俄羅斯菸捲		Cigarette russe
148	俄羅斯蜂蜜蛋糕		Medovik
152	西班牙		Spain
154	巴斯克乳酪蛋糕		Gâteau basque
158	吉拿棒		Churros
162	聖地牙哥杏仁蛋糕		Gâteau de Santiago
166	臺灣		Taiwan
168	鳳梨酥		Le gâteau à l'ananas
172	一口酥		Amuse bouche
176	醬香櫻花蝦米果		Galette de riz soufflé aux crevettes
180	綜合堅果塔		Mini tartelette aux fruits secs
184	珍珠奶茶達克瓦茲		Dacquoise thé de perle tapioca
188	英國		The United Kingdom
190	蔓越莓司康		Scones aux canneberges
194	紅蘿蔔蛋糕		Gâteau aux carottes
198	英國磅蛋糕		Quatre-quarts fruits secs
202	英國奶酥餅乾		Biscuit sablé écossais

5

美國

Part one
America

01

軟餅乾

Cookies chocolat

美式軟餅乾外層酥香內裡濕潤,又帶著濃郁的巧克力香氣的夢幻美味,雖然甜度相對較高,但搭配上一杯咖啡是最棒的下午茶點心。

材料 / Ingredient（重量 g）

麵糰		
	無鹽奶油（膏狀）	50
	黑糖（過篩）	50
	二砂糖	50
	海鹽	1
	全蛋	30
	低筋麵粉	110
	泡打粉	1
	熟胡桃	70
	苦甜巧克力 73%(水滴)	80
	合計	442

份量 / Quantity ｜ 40 公克 1 個

烤溫 / Baking Temperature ｜ 上下火 180 / 180°C

時間 / Baking Time ｜ 9～12 分鐘

器具 / Appliance ｜ 7.5 公分慕斯圓型模

小叮嚀 / Tip

① 軟餅乾烘烤太久會變得又脆又硬；相反的，減少烘焙時間，提前 1～2 分鐘出爐讓它自然冷卻，你會得到鬆軟的餅乾。

② 建議微溫品嚐時巧克力融化的口感最佳。

作法 / Method

餅乾製作

1. 無鹽奶油、篩好的黑糖、二砂糖及海鹽放入攪拌缸中。

2. 使用槳狀攪拌器。

3. 打至均勻。

4. 慢慢倒入全蛋攪拌均勻。

5. 加入篩好的低筋麵粉及泡打粉。

6. 攪拌均勻。

餅乾製作

7 胡桃烤熟放涼備用。

8 熟胡桃和苦甜巧克力加入麵糊中。

9 攪拌均勻，冷藏鬆弛 30 分鐘。

入模

10 將烤盤上放烤焙紙，擺上 7.5 公分慕斯框，使用挖球器挖麵糊，放入框中。

11 每個麵糊約 40 公克，可先搓圓，再放入。

烤焙

12 輕輕壓扁，放入烤箱上下火 180℃，烤 9～12 分鐘，取出脫模，放涼即完成。

杯子蛋糕

Cup cake

　　在 19 世紀早期，當杯子蛋糕的模具還沒有普及前，人們會用茶杯或小陶器來烤杯子蛋糕，這也是杯子蛋糕得名的由來。

　　這一款杯子蛋糕食譜，做法繁複一些，但是風味非常有層次，是一道精緻又可口的甜點。

材料 / Ingredient（重量 g）

分類	材料	重量
抹茶蛋糕體	抹茶粉	18
	細砂糖①	250
	蛋黃	185
	動物性鮮奶油①	135
	無鹽奶油①（融化）	60
	低筋麵粉	193
	泡打粉	3
	合計	844
百香果果凍	細砂糖②	30
	洋菜粉	1
	果膠粉	2
	百香果泥①	100
	水	40
	合計	173
百香果奶霜	百香果泥②	50
	細砂糖③	67
	全蛋	72
	檸檬汁	8
	無鹽奶油②（膏狀）	108
	合計	305
巧克力奶油霜	牛奶	25
	可可粉	40
	動物性鮮奶油②	45
	糖粉	30
	葡萄糖漿	10
	無鹽奶油③（膏狀）	105
	合計	255

份量 / Quantity ｜ 60 公克 1 個、共可製作 13 個

烤溫 / Baking Temperature ｜ 上下火 150 / 150°C

時間 / Baking Time ｜ 20 分鐘

器具 / Appliance ｜ 杯子蛋糕模具

小叮嚀 / Tip

①抹茶蛋糕體製作好可以冷凍保存 2 週。

②百香果奶霜可以當成塔類的內餡。

③巧克力奶油霜製作好可以冷藏 5 天，需要時常溫退冰 20 分鐘再次打發。

作法 / Method

百香果果凍製作

1. 果膠粉、細砂糖②、洋菜粉攪拌均勻,再加入百香果泥①及水放入鍋中,煮滾。 
2. 使用慕斯框包保鮮膜。 
3. 放在平底的容器中,倒入煮好的果凍液,放入冷藏凝固。

百香果奶霜製作

4. 百香果泥②、細砂糖③、全蛋、檸檬汁加熱煮滾。 
5. 隔水降溫至 40℃。 
6. 放入均質杯中,加入無鹽奶油。 
7. 使用均質機打均勻。 
8. 呈現滑順有光澤。 
9. 完成百香果奶霜,倒入擠花袋中,備用。

抹茶蛋糕體製作

10. 篩好的抹茶粉、細砂糖①及蛋黃放入攪拌缸中。 
11. 使用球狀攪拌器。 
12. 打到變白。

Part one - America　第一章 - 美國

13 將動物性鮮奶油①及融化的無鹽奶油①放入攪拌盆中,加入一點抹茶麵糊拌勻。

14 倒回抹茶麵糊中,攪拌均勻。

15 加入篩好的低筋麵粉及泡打粉攪拌均勻至無粉粒。

16 倒入擠花袋中,備用。

模具前置作業

17 取杯子蛋糕模具抹上膏狀的無鹽奶油。

18 倒入中筋麵粉,將多餘的粉倒出,均勻裹薄薄一層在模具中。

入模烤焙

19 模具放在烤盤上,擠入麵糊約60公克1個。

20 放入烤箱上下火150℃,烤20分鐘。

脫模裝飾

21 烤好的杯子蛋糕放涼,使用挖球器在頂部中心挖洞。

22 擠入百香果醬8公克。

23 表面使用巧克力奶油霜裝飾。

24 將百香果凍切小丁,裝飾在奶油霜上。

15

布朗尼蛋糕

Brownie

第一個布朗尼蛋糕是由一位英格蘭家庭主婦製作時,她忘記在巧克力蛋糕中添加泡打粉,後來這款蛋糕受到大家的喜愛,成為了美國代表性的一款的蛋糕。

材料 / Ingredient（重量 g）

麵糊		
	72% 苦甜巧克力	120
	無鹽奶油 (融化)	120
	蜂蜜	48
	細砂糖	72
	全蛋	180
	蛋黃	24
	低筋麵粉	114
	熟胡桃	120
	水滴巧克力	適量
	合計	798

份量 / Quantity | 1 模

烤溫 / Baking Temperature | 上下火 150 / 150℃

時間 / Baking Time | 15 分鐘

器具 / Appliance | 18*18 公分正方形慕斯模

小叮嚀 / Tip

① 烘烤的時間過久或全蛋打發過度都會使布朗尼口感變稍乾一些。

② 布朗尼蛋糕好吃的關鍵在於好的巧克力，建議使用 70% 以上的巧克力來製作。

③ 室溫可保存 2 天。

④ 冷藏保存 4-6 天，但需注意！冷藏後的布朗尼口感會變得較硬喔。

⑤ 冷凍保存，如想長時間保存布朗尼，可以將其冷凍，而大約可保存 1 個月，食用前室溫退冰 1 小時後享用較佳。

作法 / Method

布朗尼製作

1. 蜂蜜、細砂糖、全蛋及蛋黃放入攪拌缸中。 
2. 使用球狀攪拌器。 
3. 打至起泡。 
4. 72%苦甜巧克力加熱融化,加入無鹽奶油攪拌均勻。 
5. 胡桃烤熟放涼,備用。 
6. 融化巧克力加入麵糊中。 
7. 攪拌均勻。 
8. 加入篩好的低筋麵粉。 
9. 輕輕拌勻。 
10. 攪拌至無粉粒。 
11. 麵糊呈現滑順有光澤。 
12. 加入烤熟胡桃。

Part one - America 第一章 - 美國

13 拌勻。

烤焙脫模
14 模具刷上膏狀無鹽奶油。

15 撒上高筋麵粉。

16 將每個邊緣都沾上,倒出多餘的高筋麵粉。

17 要確認都有沾到高筋麵粉,防止沾黏好脫模。

入模烤焙
18 倒入麵糊。

19 輕敲出氣泡。

20 擺入烤熟胡桃裝飾表面。

21 撒上水滴巧克力,放入烤箱上下火 150℃,烤 15 分鐘。

脫模切塊
22 烤好布朗尼放涼,脫模,切成 5*5 公分大小。

23 也可以切成喜歡的大小。

24 完成布朗尼。

19

紐約起司蛋糕

Chesse cake New York

　　根據每個國家和習俗的不同，起司蛋糕有很多變化。但真正最出色的起司蛋糕確實是來自紐約，正如美國人所說：「直到紐約出現起司蛋糕，起司蛋糕才真正成為起司蛋糕。」

　　紐約起司蛋糕通常會有一層餅乾底酥酥口感，起司味道濃厚讓人一口接一口，但對於某些人來說可能較為厚重一些，通常一小片即可滿足味蕾。

材料 / Ingredient（重量 g）

類別	材料	重量
餅乾底	蓮花餅乾	250
	無鹽奶油（融化）	80
	合計	330
乳酪麵糊	奶油乳酪	688
	細砂糖	130
	原味優格	52
	檸檬汁	10
	動物性鮮奶油	52
	全蛋	172
	黃檸檬皮	少許
	合計	1104
裝飾	鏡面果膠	適量

份量 / Quantity ｜ 520 公克 1 模

烤溫 / Baking Temperature ｜ 上下火 220 / 120°C

時間 / Baking Time ｜ 50 分鐘

器具 / Appliance ｜ 6 吋慕斯圓型模

小叮嚀 / Tip

① 乳酪蛋糕麵糊需要過篩或均質，口感會比較滑順些。

② 乳酪蛋糕製作好需要完全冷卻，再冰入冷藏熟成一個晚上隔天品嚐味道更佳。

③ 冷藏保存 7 天 冷凍保存 14 天。建議使用冷凍保存，食用前退冰 15 分鐘即可。

作法 / Method

模具前置作業

1. 取 6 吋慕斯框,包上錫箔紙。 
2. 確實包緊。 
3. 刷上軟化的無鹽奶油,備用。

餅乾底製作

4. 蓮花餅乾打碎。 
5. 倒入攪拌盆中。 
6. 倒入融化的無鹽奶油。 
7. 攪拌均勻。 
8. 將餅乾倒入模具中,每個約 165 公克,鋪平。

乳酪麵糊製作

9. 奶油乳酪隔水加熱。 
10. 慢慢拌至軟化。 
11. 加入細砂糖。 
12. 攪拌均勻。

Part one - America 第一章 - 美國

13 加入原味優格。

14 攪拌均勻。

15 加入檸檬汁。

16 加入動物性鮮奶油及全蛋攪拌均勻。

17 使用篩網過篩。

18 刨入黃檸檬皮。

入模烤焙

19 倒入模具中,每模約 520 公克。

20 放上烤盤,烤盤加入冷水,放入烤箱上下火 220/120℃,烤 50 分鐘。

放涼脫模

21 取出,放涼,脫模時放在一個比 6 吋模小的底座上,先撕開錫箔紙。

22 使用噴槍加熱側邊。

23 帶上隔熱手套,輕輕往上取下模具。

烤焙脫模

24 表面刷上鏡面果膠。

美式鬆餅

Pancake

　　美國代表性的一道點心，這類的蛋糕或者是煎餅，在每個國家都有類似的點心，在法國 Crêpe épaisses 意思是厚的可麗餅，搭配 Nutella、果醬或甜食一起食用。

　　在日本，銅鑼燒是一種裡面有甜紅豆餡的煎餅。在俄羅斯，薄餅是一種厚煎餅，通常與魚子醬和酸奶油一起食用。

　　在美國鬆餅是額外添加了蜂蜜、楓糖或是果醬的食材一起食用。

材料 / Ingredient（重量 g）

麵糊	低筋麵粉	110
	泡打粉	8
	細砂糖①	10
	牛奶	160
	蛋黃	30
	蛋白	50
	細砂糖②	20
	合計	388

份量 / Quantity	38 公克 1 片
器具 / Appliance	平底鍋

作法 / Method

麵糊製作

1. 牛奶、蛋黃及細砂糖①放入攪拌盆中攪拌均勻。 
2. 加入篩好的低筋麵粉及泡打粉。 
3. 攪拌均勻。 
4. 蛋白及細砂糖②放入攪拌盆中。 
5. 使用球狀攪拌器,打至起泡。 
6. 同方向轉打至有紋路。 
7. 打至乾性發泡。 
8. 取一點加入蛋黃糊中拌勻。 
9. 再倒回蛋白霜中。

10 攪拌均勻。

11 拌至均勻有光澤,不要過度攪拌避免消泡。

12 裝入擠花袋中。

鬆餅煎製

13 鐵盤加熱,擠上麵糊。

14 每片約 38 公克,直徑約 7～8 公分大小。

15 蓋上鍋蓋。

16 直到表面冒出氣泡。

17 翻面再煎 30 秒,即可起鍋。

裝飾

18 裝盤,可裝飾新鮮水果及楓糖漿食用。

蘋果派

Tarte aux pommes

　　蘋果派已經成為美國的一個象徵，每個家庭都會製作這一道甜點，但事實上蘋果派起源並不來自於美國，而是歐洲，歐洲人因為戰爭時期來到美國，開始種植了蘋果樹，漸漸的美國成了蘋果的最大產區，而後美國人製作派皮中心放入蘋果內餡葡萄等等的食材一起創造了美國蘋果派。

材料 / Ingredient（重量 g）

派皮	無鹽奶油①(冰硬)	143
	低筋麵粉①	188
	玉米粉	62
	杏仁粉	27
	細砂糖	84
	全蛋	52
	合計	556
蘋果內餡	無鹽奶油②	30
	蘋果	800
	二砂糖	80
	肉桂粉	2
	低筋麵粉②	30
	檸檬皮	少許
	檸檬汁	20
	合計	962
表面蛋液	全蛋	50
	動物性鮮奶油	50

份量 / Quantity ｜ 皮 270 公克、餡 480 公克 1 個

烤溫 / Baking Temperature ｜ 上下火 160 / 160°C

時間 / Baking Time ｜ 30 分鐘

器具 / Appliance ｜ 6 吋圓型派模

小叮嚀 / Tip

①製作派皮時需要冷藏鬆弛 20 分鐘才可以入模型。

②炒蘋果內餡時需要將水分部分揮發，使烤焙時蘋果減少出水而影響塔皮脆度。

作法 / Method

派皮製作

1 冰硬的無鹽奶油、篩過的低筋麵粉、玉米粉、杏仁粉及細砂糖放入攪拌缸中。

2 使用槳狀攪拌器。

3 打至散沙狀。

4 分次加入全蛋攪拌成糰。

5 取出約 160 公克,放入塑膠袋中,桿約 0.4 公分厚度。

6 超過 6 吋模約 3 公分大小,冰入冷藏鬆弛 1 小時。

7 再分割 110 公克,桿約 0.3 公分厚,長約 30 公分冰入冷藏鬆弛 1 小時。

入模

8 取出麵糰,撒上手粉(中筋麵粉)。

9 放入 6 吋派模中整形。

10 可使用桿麵棍滾一下去除多餘麵糰,也可使用小刀切割。

11 再使用拇指輕輕推邊緣,使形狀更完整。

12 完成派皮,冷藏 30 分鐘,備用。

Part one - America 第一章 - 美國

蘋果內餡製作

13. 蘋果去皮切丁。

14. 無鹽奶油放入鍋中,加熱至奶油呈現琥珀色。

15. 放入蘋果丁,先均勻裹上融化的無鹽奶油。

16. 加入二砂糖及肉桂粉,拌炒至軟化變色。

17. 刨入適量檸檬皮,加入檸檬汁攪拌均勻。

18. 起鍋前,可以分次加入低筋麵粉收乾水分。

內餡填入派皮

19. 將冷卻的蘋果餡倒入派皮中,每個約480公克。

20. 表面抹平。

表面裝飾

21. 取出另一片派皮,切約1公分寬度。

22. 交錯擺上。

23. 再使用桿麵棍,桿一下壓緊實,去除多餘派皮。

烤焙脫模

24. 表面派皮刷上全蛋鮮奶油液（材料混合均勻）,放入烤箱上下火160℃,烤30分鐘。

31

奥地利

Part two
Austria

02

奧地利沙哈蛋糕

Sacher Torte

　　被譽為奧地利的國寶，維也納的代表性甜點，又稱奧地利古典巧克力，誕生於 1832 年，由奧地利駐法外交官的廚師的 Franz Sacher 發明。是一款近 200 年的歷史性蛋糕。原創的 Sachertorte 受版權保護。這款蛋糕的製作秘密由維也納沙哈酒店的點心坊負責，全手工製作。

　　沙哈蛋糕是一種巧克力蛋糕，上面鋪有薄薄的杏桃、櫻桃或覆盆子果醬，並淋上黑巧克力醬。入口後濃而不膩，濃郁的巧克力滋味，搭上夾層中果醬的微酸中和了甜味，再配上一杯黑咖啡更會讓味蕾驚豔不已。

材料 / Ingredient（重量 g）

蛋糕體	杏仁粉	100
	細砂糖①	130
	蛋黃	110
	全蛋	66
	蛋白	120
	細砂糖②	58
	低筋麵粉	46
	可可粉	24
	70% 苦甜巧克力	46
	無鹽奶油（融化的）	38
	葵花油①	12
	合計	750
淋面	72% 黑巧克力	260
	葵花油②	30
	合計	290
莓果果醬	冷凍綜合莓果粒	130
	冷凍覆盆子果泥	130
	細砂糖③	13
	柑橘果膠	5
	合計	278

份量 / Quantity ｜ 350 公克 1 模

烤溫 / Baking Temperature ｜ 上下火 150 / 150℃

時間 / Baking Time ｜ 25 分鐘

器具 / Appliance ｜ 6 吋蛋糕活動模

小叮嚀 / Tip

① 沙哈蛋糕做好後要密封冷藏一夜熟成，蛋糕體和果醬才能融和得更好，杏仁蛋糕的口感也會更加細膩、柔軟。

② 最佳品嚐的溫度是 10～15℃，從冰箱取出後需要放 5～10 分鐘回溫。

③ 冷藏可保存 5 天。

作法 / Method

蛋糕體製作

1. 過篩好的杏仁粉、細砂糖①、蛋黃、全蛋放入攪拌缸中。 
2. 使用球狀攪拌器。 
3. 使用快速打發約5分鐘,打發至畫8不會消失即可。 
4. 將蛋白及細砂糖②放入攪拌缸中。 
5. 使用球狀攪拌器,分次加入細砂糖。 
6. 打到約7分發起泡。 
7. 取蛋白霜加入蛋黃糊中,拌勻。 
8. 加入篩好的低筋麵粉、可可粉。 
9. 攪拌均勻。 
10. 無鹽奶油、葵花油加70%苦甜巧克力加熱40℃融化,取一點麵糊加入拌勻。 
11. 再倒回麵糊中。 
12. 攪拌均勻。

Part two - Austria　第二章 - 奧地利

入模烤焙

13 使用 6 吋活動蛋糕模，倒入麵糊約 350 公克，放入烤箱上下火 150℃，烤 25 分鐘。

淋面製作

14 72％黑巧克力加熱融化，加入葵花油②拌勻。

15 攪拌至滑順有光澤，備用。

莓果果醬製作

16 莓果果醬材料混合加熱煮滾，放涼，裝入擠花袋中備用。（作法參考 P.41 林茲塔果醬作法）

組合

17 烤好蛋糕放涼脫模切片，一片蛋糕擠一層莓果果醬，每層約 40 公克。

18 使用抹刀抹平。

19 蓋上第 2 片蛋糕。

20 同樣手法，疊起，共 3 層，冰入冷凍 1 小時。

表面裝飾

21 放在置涼架上，底下放烤盤，擺上蛋糕，淋上淋面。

22 從蛋糕邊緣開始淋，最後再淋頂部。

23 使用抹刀輕輕抹平表面。

24 可使用食用金箔點綴。

37

奧地利林茲塔

Linzertorte

　　Linzer Torte 是一個源自奧地利的甜點，其製作方法可以追溯到 1653 年所流傳下來最古老的食譜之一。

　　它是一種杏仁、肉桂及丁香等食材製作而成的塔皮，上面覆蓋著覆盆子或各式莓果類熬製而成的果醬。最後在果醬上編織格紋線條並將其放入烤箱。烤熟後的塔皮完全浸泡在果醬裡，非常美味！傳統的甜點總是帶來一種無窮吸引人的魅力。

材料 / Ingredient（重量 g）

香料派皮	無鹽奶油	150
	糖粉	132
	鹽	2
	肉桂粉	5
	四味香料	2.5
	全蛋	60
	低筋麵粉	198
	全麥粉	102
	泡打粉	3.5
	合計	655
覆盆子果醬	覆盆子果粒	462
	覆盆子果泥	165
	細砂糖	110
	柑橘果膠	15
	洋菜膠	7
	玉米糖膠	10
	合計	769
裝飾	全蛋	50
	動物性鮮奶油	20
	杏仁片	適量
	裝飾果膠	適量

份量 / Quantity	派皮 320 克 果醬 350 克 / 1 模
烤溫 / Baking Temperature	上下火 150 / 150℃
時間 / Baking Time	20 分鐘
器具 / Appliance	6 吋活動派模

小叮嚀 / Tip

① 四味粉，法文 Quatre epices 意指四種香料，主要味道通常是白胡椒，但也有用黑胡椒或是兩種混合的四味粉，會再加上丁香、薑和肉荳蔻搭配組合。這款香料會添加在薑餅或是荷蘭餅皮中，會有歐洲傳統糕點獨特的風味，如果手邊沒有這款食材，也可以使用肉桂粉代替。

② 如何判斷林茲塔的烤熟狀態，可以觀察塔皮底部是否上色。

作法 / Method

派皮製作

1. 無鹽奶油、過篩好的糖粉、鹽、肉桂粉、四味香料放入攪拌缸中。 
2. 使用槳狀攪拌器,打均勻。 
3. 分次加入全蛋。 
4. 攪拌均勻。 
5. 加入過篩好的低筋麵粉、全麥粉、泡打粉。 
6. 攪拌均勻。 
7. 攪拌成糰。 
8. 取出,分割 160 公克兩顆,其中 1 顆放入塑膠袋中,桿開約 0.4 公分厚。 
9. 桿到比 6 吋派模大約 3 公分,冷藏鬆弛 1 小時。

整形入模

10. 另一顆放入塑膠袋中,桿約 0.2 公分厚,冷藏鬆弛 1 小時。
11. 取出,第一顆放入派模中,整形。
12. 邊緣使用桿麵棍桿開,去除多餘麵糰。

13 使用拇指、食指整形。

14 邊緣及派底都要確實壓好,冰入冷凍 30 分鐘。

覆盆子果醬製作

15 覆盆子果粒及覆盆子果泥放入鍋中,加熱至微溫 40℃。

16 將細砂糖、柑橘果膠、洋菜粉、玉米糖膠混合拌勻,再加入果泥內拌勻。

17 攪拌均勻,煮滾約 3 分鐘。

組合

18 趁果醬微溫,填入冷凍後的派皮中,每個約 350 公克。

19 取出第 2 顆桿好的麵糰,切成每條 1 公分寬條狀。

20 交錯擺在派上。

21 使用桿麵棍桿開,去除多餘麵糰。

22 表面刷上全蛋鮮奶油液(全蛋加動物性鮮奶油拌勻)。

23 邊緣擺上杏仁片裝飾。

烤焙

24 放入烤箱上下火 150℃,烤 20 分鐘,出爐後刷上裝飾果膠。

41

比利時

Part three
Belgium

03

比利時列日鬆餅

Gaufres de Liège

　　鬆餅 gaufre 一詞源自於 12 世紀的古法語，意思是「蜂巢」。使用兩個鐵板模具，中間夾著麵糰或麵糊壓製而成，形成類似格紋的點心。

　　列日鬆餅據說是 18 世紀比利時的列日 Liège 發明出來的。中古世紀時，列日鬆餅只製作鹹的口味，之後才出現將其製程甜食的糕餅師傅，將奶油、牛奶、糖等昂貴的食材加入鬆餅中，提供給皇室貴族們享用。現今，添加珍珠糖粒的列日鬆餅成為代表性的食材之一。

　　剛從模具取出的列日鬆餅熱熱的，帶有濃厚奶油與麵包香氣，咬下的外皮扎實酥脆，帶些微嚼勁口感與珍珠糖的顆粒脆脆口感，是下午茶點心的一個好選擇。

材料 / Ingredient（重量 g）

麵糰

材料	重量
高筋麵粉	500
全蛋	100
蜂蜜	30
細砂糖	25
香草籽醬	2
鹽	7
無鹽奶油①（膏狀）	80
新鮮酵母	40
牛奶	175
無鹽奶油②（膏狀）	200
珍珠糖 2 號	300
合計	1459

份量 / Quantity	50 公克 1 個
烤溫 / Baking Temperature	160°C
器具 / Appliance	鬆餅機

小叮嚀 / Tip

① 麵糰製作好後，可以冷藏發酵一個晚上，隔天繼續分割與煎製的過程。

② 此款甜點中使用的奶油量比較多，所以選擇品質好的奶油非常重要。

③ 常溫可保存 3 天，冷凍可保存 3 週。從冰箱取出的列日鬆餅建議回烤後溫熱品嚐，更可以凸顯奶油香氣。

作法 / Method

麵糰製作

1. 過篩好的高筋麵粉、蜂蜜、細砂糖、香草籽醬及鹽放入攪拌缸中。

2. 將新鮮酵母加牛奶攪拌均勻，加入。

3. 再加入全蛋。

4. 使用勾狀攪拌器，攪拌成糰至薄膜狀。

5. 加入無鹽奶油①拌勻，麵糰中種，鬆弛 15 分鐘。

6. 再放回缸中，加入無鹽奶油②。

7. 打至麵糰不黏鋼盆，並且表面呈現光滑狀。

8. 取出，滾圓。

9. 放入攪拌盆中，蓋上保鮮膜或濕布，冰入冷藏鬆弛 30 分鐘。

Part three - Belgium　第三章 - 比利時

整形

10 取出麵糰，使用刮板分割。

11 分割每個 50 公克。

12 滾圓。

13 表面裹上珍珠糖。

煎製

14 鬆餅機先預熱 160℃，再放入。

15 放入鬆餅機中。

16 蓋上蓋子。

17 熱壓 4 分鐘。

18 呈現金黃色，取出放涼。

法國

Part four
France

04

法式檸檬塔

Tarte au citron

檸檬塔是法國人最喜歡的甜點之一，也是法國經典甜點的代表。

酥脆的塔皮奶香，配上濃郁的檸檬內餡，果香的自然風味，佐上酸甜的味道，是一款只要吃過就會難忘的甜點！且表面裝飾上義大利蛋白霜，清香的甜味與檸檬酸味和諧搭配，更讓這款檸檬塔達到完美！

材料 / Ingredient（重量 g）

分類	材料	重量
塔皮	無鹽奶油（冰硬切丁）	84
	杏仁粉	17
	糖粉	40
	鹽	1.3
	全蛋①	35
	低筋麵粉	156
	合計	333.3
內餡	全蛋②	224
	細砂糖①	56
	冷凍黃檸檬果泥	180
	黃檸檬皮	1
	吉利丁片	6
	調溫白巧克力	124
	合計	591
義大利蛋白霜	水	36
	細砂糖②	84
	葡萄糖漿	36
	新鮮蛋白	60
	合計	216

份量 / Quantity｜2 模

烤溫 / Baking Temperature｜上下火 150 / 150°C

時間 / Baking Time｜15 分鐘掉頭 5 分鐘

器具 / Appliance｜6 吋圓型派模

小叮嚀 / Tip

① 製作塔皮時麵粉加入後勿搓揉過度，避免麵糰出筋。

② 塔皮保持酥脆的方法：塔皮冷卻後塗上白巧克力或是塗上蛋液回烤 3 分鐘。

③ 檸檬內餡製作好之後需要均質，才可使內餡滑順。

作法 / Method

塔皮作法

1. 參考 P.30 作法製作塔皮，桿開約 0.3 公分厚，比 6 吋模大一點。 
2. 冷藏鬆弛 1 小時，表面撒上手粉（中筋麵粉）。 
3. 放入派盤，整形。 
4. 慢慢將派皮貼上派模中。 
5. 多餘的派皮使用桿麵棍桿開。 
6. 再使用拇指整形。

內餡

7. 使用叉子叉洞，放入烤箱上下火 150℃，烤 15 分鐘，調頭再烤 5 分鐘，至呈現金黃色。
8. 全蛋②、細砂糖①、冷凍黃檸檬果泥、黃檸檬皮放入鍋中。 
9. 小火加熱拌勻，加入泡好軟化的吉利丁片，攪拌均勻。 
10. 將調溫白巧克力放入攪拌盆中，倒入一些加熱好的檸檬餡，靜置 10 分鐘，讓巧克力融化。 
11. 拌勻融化後，使用均質機打勻。 
12. 再倒回鍋中拌勻，將內餡隔冰水冷卻，降溫至 25℃。

Part Four - Franc 第四章 - 法國

13 裝入擠花袋中,備用。

填入派皮

14 烤好派皮放涼,刷上一層融化的白巧克力,填入內餡。

15 擠約 250 公克,輕敲出空氣,放入冷藏 30 分鐘。

義大利蛋白霜

16 水、細砂糖②及葡萄糖漿放入鍋中,煮至 117～120°C。

17 攪拌缸中放入蛋白(殺菌)。

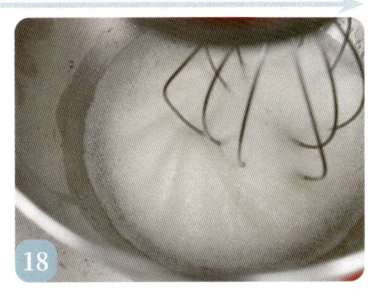

18 使用球狀攪拌器,打 5 分起泡,拉起來有流動感。

19 慢慢倒入煮滾的糖漿。

20 再打至乾性發泡。

21 裝入擠花袋中。

22 使用平口花嘴。

裝飾

23 冰硬的檸檬塔取出,裝飾上義大利蛋白霜。

24 可再表面刨上檸檬皮,擺上檸檬果肉及糖漬檸檬皮裝飾。

檸檬旅行蛋糕

Gâteau de voyage au citron

　　在法國的南法蔚藍海岸 Menton 這個地方因為土壤肥沃、氣候溫暖、陽光充足,非常適合種植檸檬柑橘類水果。也因如此,每年 2 月中旬至 3 月上旬都會在 Menton 舉辦盛大的「芒通檸檬節 Fête du Citron / Lemon Festival」,這是檸檬小鎮知名的慶典,每年都會有大量遊客旅居參與此盛宴。

　　檸檬蛋糕據說就是從這裡發跡的,法國婦人使用盛產的檸檬加入到奶油蛋糕作為日常的點心,製作檸檬蛋糕的版本非常多,此配方是我認為最簡單好操作的一個配方。

材料 / Ingredient（重量 g）

麵糊	無鹽奶油	80
	細砂糖①	218
	黃檸檬皮	1 顆
	動物性鮮奶油	72
	檸檬汁①	36
	葡萄糖漿	20
	全蛋	187
	低筋麵粉	188
	泡打粉	4.5
	合計	805.5
檸檬糖漿	水	70
	檸檬汁②	35
	細砂糖②	50
	合計	155

份量 / Quantity　｜　2 模

烤溫 / Baking Temperature　｜　上下火 150 / 150°C

時間 / Baking Time　｜　25 分鐘掉頭 15 分鐘

器具 / Appliance　｜　16*7*8 公分長方形模具

小叮嚀 / Tip

①檸檬蛋糕麵糊需要靜置 2 小時以上，才可以入模烘烤。

②蛋糕麵糊冷藏可以保存 5 天，需要時攪拌均勻即可填入模中烘烤。

③烘烤好的檸檬蛋糕，可以室溫保存 5 天，冷凍可保存一個月。

作法 / Method

麵糊製作

1. 無鹽奶油、細砂糖①、黃檸檬皮、動物性鮮奶油、檸檬汁①、葡萄糖漿放入鍋中。 
2. 小火加熱。 
3. 煮至糖和奶油融化。 
4. 攪拌均勻，溫度低於 60℃ 以下。 
5. 熄火加入全蛋。 
6. 攪拌均勻。 
7. 加入過篩好的低筋麵粉及泡打粉。 
8. 攪拌均勻。 
9. 拌勻光滑麵糊。 
10. 倒入容器中。 
11. 封上保鮮膜，冷藏靜置 2 小時。 
12. 模具刷上軟化的無鹽奶油。

Part Four - Franc 第四章 - 法國

13 倒入高筋麵粉,再將多餘的粉倒出,裹上薄薄一層即可。

14 取出鬆弛好的麵糊,先攪拌均勻。

15 裝入擠花袋中。

入模烤焙

16 倒入模具中,每個 370 公克。

17 放入烤箱上下火 150℃,烤 25 分鐘,調頭續烤 15 分鐘。

脫模

18 烤好蛋糕,取出直接脫模。

檸檬糖漿

19 水、檸檬汁②及細砂糖②放入鍋中。

20 煮滾至糖融化。

裝飾

21 蛋糕放在置涼架上。

22 趁熱刷上檸檬糖漿。

23 表面刨上黃檸檬皮。

24 可使用檸檬果凍、蛋白霜糖及插卡裝飾。

巧克力閃電泡芙

Éclair au chocolat

巧克力閃電泡芙是法式糕點的永恆象徵，也是全球公認的糕點。

因其輕薄的泡芙外殼和濃郁的巧克力餡而深受人們喜愛。閃電泡芙出現在 19 世紀，人們普遍認為 Marie-Antoine Carême 糕點師是法國美食的先驅之一。這道甜點的名稱可能是因為它們很容易太快吃完，轉眼間就消失了才被命名為閃電泡芙。

材料 / Ingredient（重量 g）

泡芙麵糊
牛奶①	90
水①	90
無鹽奶油①（膏狀）	100
鹽	3
低筋麵粉	130
全蛋	240
合計	653

脆皮泡芙
無鹽奶油②（膏狀）	45
二砂糖	55
中筋麵粉	55
合計	155

巧克力內餡
牛奶②	130
動物性鮮奶油	130
蛋黃	100
細砂糖①	25
71% 巧克力	125
牛奶巧克力	25
合計	535

巧克力淋面
飲用水②	48
吉利丁粉	9
水③	80
細砂糖②	80
葡萄糖漿	66
可可粉	36
動物性鮮奶油	66
合計	385

烤溫 / Baking Temperature｜上下火 180 / 180°C

時間 / Baking Time｜30 分鐘

小叮嚀 / Tip

① 液體類的食材煮滾後加入麵粉，最重要的一點，是澱粉的糊化。材料在鍋中持續攪拌到結皮是最重要的一點。

② 蛋液的量，也是重點。蛋液需緩慢加入，直到麵糊拉起來呈現倒三角形。

③ 閃電泡芙的保存期限比較短，需要儘快食用才能品嚐到酥脆的外殼。

作法 / Method

脆皮麵糰製作

1. 膏狀的無鹽奶油②、二砂糖及篩好的中筋麵粉，放入攪拌盆中拌勻。
2. 成糰的麵糰取出，放在烤焙紙上。 
3. 將麵糰蓋上，使用桿麵棍桿成 0.2 公分薄片，放入冷凍冰硬。 

泡芙麵糰製作

4. 牛奶①、水①、膏狀的無鹽奶油①、鹽先煮滾，加入篩好的低筋麵粉。
5. 攪拌成糰，小火煮至鍋底結皮。 
6. 麵糰取出，放入攪拌缸中，打至溫度低於 60。 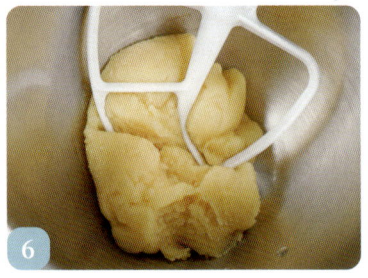
7. 分次加入全蛋。 
8. 攪拌均勻，呈現倒三角，再裝入擠花袋中。 
9. 使用平口花嘴 SN7093，擠在烤盤上，長度約 13 公分。 

脆皮分割

10. 取出冰硬的脆皮泡芙麵皮，切割 2*13 公分長條狀。

組合烤焙

11. 擺在擠好的泡芙麵糊上，放入烤箱上下火 180℃，烤 30 分鐘。

巧克力淋面

12. 水②加上吉利丁粉攪拌均勻，備用。

Part Four - Franc　第四章 - 法國

13 水③、細砂糖②及葡萄糖漿放入鍋中煮滾,加入泡好的吉利丁攪拌均勻。

14 離火,加入過篩的可可粉拌勻。

15 再加入動物性鮮奶油,使用均質機打均勻。

16 攪拌成光滑,隔冰水冷卻,完成巧克力淋面。

巧克力內餡

17 牛奶②、動物性鮮奶油、蛋黃及細砂糖①放入鍋中,加熱至85℃。

18 將兩種巧克力放入攪拌盆中,倒入加熱好的牛奶,浸泡10分鐘。

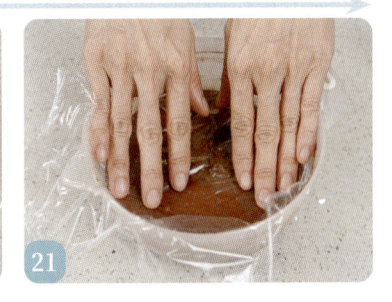

19 攪拌均勻,使用均質機打均勻。

20 打至光滑。

21 表面鋪上保鮮膜,貼在巧克力內餡表面,冷藏備用。

組合裝飾

22 烤好的泡芙,放涼後,使用筷子上下搓兩個洞。

23 巧克力內餡裝入擠花袋中,從洞口擠入。

24 泡芙表面沾上巧克力淋面。

61

香草瑪德蓮

Madeleine vanille

瑪德蓮蛋糕於 1755 年在 Château de Commercy 製作出來。當時的國王請他的專任廚師瑪德蓮製作一個獨特的蛋糕。於是，她就製作了這款貝殼蛋糕，而深深受到客人的讚賞，並決定命名爲瑪德琳，以此向創作出此款甜點的人致敬。

材料 / Ingredient（重量 g）

	材料	重量
麵糊	無麩質專用粉	136
	泡打粉	4
	細砂糖	136
	黃色檸檬皮	5
	香草籽醬	3
	全蛋	136
	無鹽奶油①（融化）	136
	蜂蜜	14
	合計	570
模型奶油	高筋麵粉	20
	無鹽奶油②（膏狀）	10
	合計	30

份量 / Quantity	28 公克 1 顆、可製作 20 顆
烤溫 / Baking Temperature	上下火 165 / 165°C
時間 / Baking Time	13 分鐘
器具 / Appliance	瑪德蓮模具

小叮嚀 / Tip

① 麵糊需要冷藏 2 個小時才可以烘烤。

② 烘烤前麵糊需要攪拌均勻才能入模。

③ 模型需要抹上一層無鹽奶油，再撒上麵粉避免脫模時沾黏。

無麩質專用粉

由世界冠軍麵包師傅監製，不含精緻澱粉且使用椰子細粉、燕麥粉、米澱粉…等多種天然無麩質原料調和，可以在烘焙產品中取代麵粉。富含膳食纖維，能使成品口感較鬆軟。在此款瑪德蓮中使用無麩質麵粉，使得化口性佳，蛋糕質地細膩。是一款在製作烘焙產品時，能選擇的優質好食材。

作法 / Method

麵糊製作

1. 過篩好的無麩質專用粉、泡打粉及細砂糖放入攪拌缸中。 
2. 刨入黃檸檬皮。 
3. 加入全蛋。 
4. 加入香草籽醬。 
5. 使用槳狀攪拌器。 
6. 攪拌均勻。 
7. 攪拌至無粉粒。 
8. 分次加入融化的無鹽奶油①。 
9. 攪拌均勻。

Part Four - Franc 第四章 - 法國

10 倒入攪拌盆中,放入冷藏 2 小時以上。

模具前置作業

11 瑪德蓮模具刷上膏狀的無鹽奶油②。

12 撒上高筋麵粉,再將多餘的粉倒出,裹上薄薄一層。

入模烤焙

13 取出冰好的麵糊,攪拌均勻。

14 裝入擠花袋中。

15 每個擠約 28 公克。

16 約 9 分滿。

17 放入烤箱上下火 165℃,烤 13 分鐘。

脫模

18 取出放涼即完成。

65

法式香橙可麗餅

Crêpes Suzette

　　可麗餅的起源可以追溯到 700 多年前，第一個可麗餅是由穀物與水混合形成的麵糊，將其放在烤盤上，抹平煎至兩面金黃。

　　可麗餅是由麵粉和雞蛋製成的薄煎餅。是一種法國常見的餐點，可以作爲早餐、午餐、晚餐或甜點食用。是一道美味且易於準備的餐點。它的用途也很廣泛，因爲它可以填充鹹味或甜味選擇各種配料，如起司火腿蛋，莓果、巧克力…等等。

材料 / Ingredient（重量 g）

麵糊	法國麵粉 T55	140
	細砂糖①	18
	全蛋	35
	牛奶	190
	蜂蜜	7
	合計	390
奶油香橙	無鹽奶油	20
	細砂糖②	30
	柳橙汁	50
	柳橙果肉	1 顆
香蕉巧克力	香蕉	1 條
	巧克力醬	90
	熟杏仁片	15

份量 / Quantity ｜ 75 公克 1 片

時間 / Time ｜ 麵糊製作好需靜置 2 小時

作法 / Method

麵糊製作

1. 篩好的法國麵粉 T55 及細砂糖①放入攪拌盆中。 
2. 使用打蛋器攪拌均勻。 
3. 加入全蛋拌勻。 
4. 分次加入牛奶。 
5. 攪拌均勻。 
6. 再加入剩餘牛奶拌勻。 
7. 混合拌勻。 
8. 加入蜂蜜攪拌均勻。 
9. 攪拌至光滑。 
10. 封上保鮮膜，冷藏靜置 2 小時。

煎製可麗餅皮

11. 取出麵糊攪拌均勻，將鐵盤加熱，倒入麵糊約 75 公克。 
12. 使用 T 字棒將麵糊鋪平。

Part Four - Franc　第四章 - 法國

13 慢慢鋪成一個圓。

14 慢煎至焦香,對折折起。

15 再對折成三角形,取下備用。

奶油香橙製作

16 取無鹽奶油放入鍋中。

17 加入細砂糖②加熱至微焦糖色。

18 加入柳橙汁。

組合

19 放入煎好的可麗餅。

20 兩面沾裹上奶油香橙。

21 放入柳橙果肉加熱,收汁。

裝飾

22 裝盤,可搭配冰淇淋食用。

23 完成法式香橙可麗餅。

香蕉巧克力

24 也可以煎不同形狀可麗餅,裝飾香蕉片、熟杏仁片及巧克力醬食用。

69

莓果舒芙蕾

Soufflé aux fruits rouges

　　舒芙蕾 soufflé，是來自法國的一道甜點，在卡士達醬中添加打發的蛋白使口感輕盈，高溫烘焙後迅速膨脹使質地蓬鬆。

　　法國當地販售舒芙蕾的店家非常少見，往往是高級飯店或是餐廳才會見到，舒芙蕾遇冷空氣容易消泡而體積慢慢變小，需要甜點師傅現場製作所以價格通常比較高。起司舒芙蕾也是法國代表性的餐點之一。

材料 / Ingredient（重量 g）

莓果卡士達醬	草莓果泥	28
	覆盆子果泥	35
	牛奶	35
	細砂糖①	7
	全蛋	18
	玉米粉	7
	無鹽奶油①（膏狀）	7
	合計	137
舒芙蕾麵糊	莓果卡士達醬	120
	覆盆子酒	15
	玉米粉	4
	蛋白	160
	蛋白粉	4
	細砂糖②	32
	合計	335
裝飾水果	新鮮草莓	70
	覆盆子	50
	藍莓	10
模型奶油	無鹽奶油②（膏狀）	適量
	二砂糖	適量

份量 / Quantity ｜ 2 模

烤溫 / Baking Temperature ｜ 上下火 150 / 150 ℃

時間 / Baking Time ｜ 20 分鐘

器具 / Appliance ｜ 舒芙蕾烤皿

巴黎頂級酒店 巴黎喬治五世四季酒店
Four Seasons Hotel George V Paris

　　我在巴黎四季酒店工作時所拍攝的照片，照片中是剛出爐的巧克力舒芙蕾，點心師傅製作舒芙蕾時，服務生需要在點心房的菜口等待，舒芙蕾一出爐後馬上罩上一個玻璃罩，避免冷空氣讓舒芙蕾變小，這一道甜點考驗師傅功力，因為五星級酒店的客人都非常尊貴，萬一做失敗了，重新製作會非常耗時間。

　　圖片內容：巧克力舒芙蕾佐上覆盆子可可冰淇淋

小叮嚀 / Tip

①卡士達醬製作好後可以冷藏 5 天。

②舒芙蕾烤溫需要高溫短時間，出爐後需要儘快品嚐。

③在法國舒芙蕾甜點通常會搭配上冰淇淋一同享用。

④舒芙蕾的口感是蓬鬆且濕潤，烤過久成品口感會較乾一些。

作法 / Method

莓果卡士達醬作法

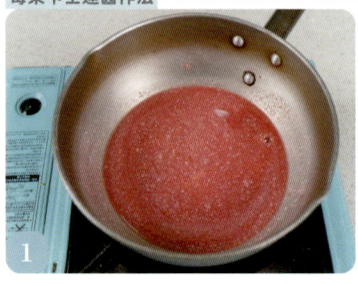

1. 草莓果泥、覆盆子果泥、牛奶及細砂糖①放入鍋中加熱。 
2. 全蛋加篩好的玉米粉拌勻。 
3. 加入一點熱好的莓果醬。 
4. 攪拌均勻。 
5. 再倒回。 
6. 加熱煮至糊狀。 
7. 加入膏狀的無鹽奶油①。 
8. 攪拌至奶油融化有光澤。 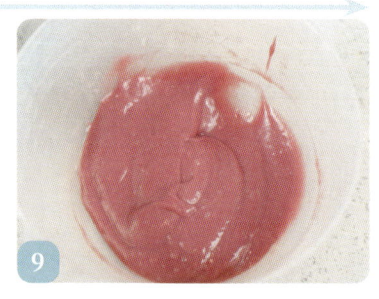
9. 取出備用。

烤皿前製作業

10. 取舒芙蕾烤皿刷上膏狀無鹽奶油②。 
11. 再倒入二砂糖將整個模具沾裹上。

舒芙蕾麵糊

12. 莓果卡士達醬、覆盆子酒及篩好的玉米粉放入攪拌盆中。

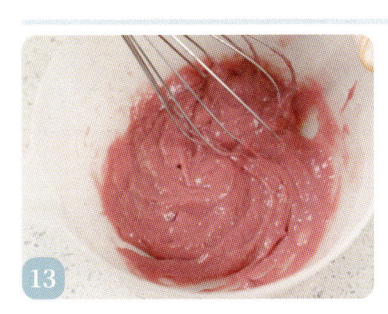

Part Four – Franc　第四章 – 法國

13 攪拌均勻。

14 攪拌缸中放入蛋白及蛋白粉打至起泡，分次加入細砂糖②打發。

15 打至乾性發泡。

16 取蛋白霜加入莓果糊中拌勻。

17 再倒回蛋白霜中拌勻。

18 裝入擠花袋中。

入模烤焙

19 擠入舒芙蕾皿中。

20 表面使用抹刀抹平。

21 邊緣擦掉。

表面裝飾

22 放在烤盤上。

23 放入烤箱上下火 150℃，烤 20 分鐘。

24 出爐表面撒上防潮糖粉，趁熱要盡快食用。

73

德國

Part five
Germany

05

黑森林蛋糕

Forêt noire

　　德國的甜點第一個讓人想到的一定是黑森林蛋糕。黑森林蛋糕來自於德國黑森林地區，天氣寒冷盛產黑櫻桃，所以當地居民把產量過盛的櫻桃製作成酒漬櫻桃和白蘭地櫻桃酒等產品。

　　甜點師傅們利用這些櫻桃製品製作了黑森林蛋糕；通常是由的巧克力蛋糕夾著櫻桃鮮奶油及酒漬櫻桃，組合而成，表面鋪上巧克力碎片，再放上幾顆櫻桃裝飾。

　　我第一次在德國黑森林地區品嚐到當地出名的黑森林蛋糕，鮮奶油充滿了濃厚的櫻桃酒香味，酒漬黑櫻桃與巧克力蛋糕組合在一起非常美味，這款蛋糕非常適合嗜酒的朋友品嚐。

材料 / Ingredient（重量 g）

分類	項目	重量
蛋糕體	全蛋	276
	細砂糖①	162
	低筋麵粉	150
	可可粉	12
	72% 巧克力	12
	無鹽奶油（融化的）	24
	合計	636
巧克力甘那許	動物性鮮奶油①	42
	牛奶	15
	無鹽奶油（膏狀）	9
	葡萄糖漿	12
	72% 巧克力	51
	合計	129
櫻桃糖漿	細砂糖②	30
	水	150
	櫻桃酒①	20
	合計	200
櫻桃鮮奶油	動物性鮮奶油②	540
	馬斯卡彭	110
	細砂糖③	65
	櫻桃酒②	20
	香草籽醬	10
	合計	745
裝飾	巧克力裝飾片	適量
	酒漬櫻桃	適量

- **份量 / Quantity**：350 公克 1 模
- **烤溫 / Baking Temperature**：上下火 170 / 170°C
- **時間 / Baking Time**：35 分鐘
- **器具 / Appliance**：6 吋蛋糕活動模

小叮嚀 / Tip

德國人在 2003 年訂立一條公文〈國家糕點管理辦法〉，想冠上「黑森林蛋糕」的名稱，必須包含以下條件：

① 是一款「櫻桃酒奶油蛋糕」，櫻桃酒的含量需足夠。

② 蛋糕內餡主體以鮮奶油搭配櫻桃。1L 鮮奶油必須含有至少 50ml 以上、酒精濃度達 40～50% 的櫻桃烈酒。

③ 基底須是巧克力蛋糕體，且至少含 3% 的可可，蛋糕最底層要使用酥脆的薄派皮餅乾。

④ 蛋糕最外層要抹上一層鮮奶油，並以巧克力屑點綴。

櫻桃酒

擁有無與倫比的濃郁水果風味的櫻桃酒，Kirsch 是最古老的水果白蘭地酒，由大量櫻桃釀造製成，在傳統蒸餾器中發酵和蒸餾。水果白蘭地的香氣、口味與原料的品質密切相關。具有花香、杏仁和櫻桃核的香氣，在打發鮮奶油時加入櫻桃酒，會使黑森林蛋糕帶來驚奇無比的美味。

作法 / Method

蛋糕體製作

1. 將全蛋及細砂糖①放入攪拌缸中，使用球狀攪拌器。
2. 打發至畫 8 不會消失即可。 
3. 加入過篩好的低筋麵粉及可可粉攪拌均勻。 
4. 72%巧克力及無鹽奶油①放入攪拌盆中，加熱至融化，放涼40℃以下，倒入一點麵糊拌勻。 
5. 再倒回麵糊中，攪拌均勻。 

入模烤焙

6. 使用 6 吋活動蛋糕模，倒入麵糊約 350 公克。
7. 輕敲使空氣排出，放入烤箱上下火 170℃，烤 35 分鐘。 

巧克力甘那許製作

8. 動物性鮮奶油、牛奶、無鹽奶油、葡萄糖漿放入鍋中加熱至 70℃，放入 72%巧克力。
9. 攪拌至巧克力融化，隔水降溫備用。 

放涼脫模

10. 烤好蛋糕取出倒蓋放涼，放涼後脫模，可先在邊緣劃一圈。
11. 再輕輕從底下往上推出蛋糕。 
12. 使用抹刀鏟下蛋糕。

組合

13 使用切割器切片。

14 取 1 片硬質蛋糕圍邊圍一圈，放入 1 片蛋糕體，刷上櫻桃糖漿（將細砂糖與水煮融化，冷卻後加入櫻桃酒）。

15 再抹上一層巧克力甘那許，每層約 60 公克。

16 擠入一層櫻桃鮮奶油（所有材料混合使用球狀攪拌器打發），每層約 100 公克。

17 擺入適量的酒漬櫻桃。

18 再蓋上蛋糕片，同樣手法製作疊起，約 4 層。

表面裝飾

19 表面抹上鮮奶油。

20 撒上巧克力裝飾片。

21 頂部也撒上。

22 使用花嘴擠上鮮奶油裝飾。

23 取酒漬櫻桃。

24 擺在鮮奶油上裝飾。

薑餅

Bonhomme de pain d'épices

　　薑餅起源於 11 世紀的德國。在寒冷的冬天，人民為了驅寒和方便食用，會把薑、肉桂等香料添加到餅乾裡。在聖誕節時，基督徒會用與宗教相關的木頭模型來製作薑餅人。

　　所以說到薑餅，就聯想到聖誕節。傳統薑餅會加入大量的蜂蜜、奶油、綜合香料和糖與麵粉製作。因為添加了薑粉在餅乾裏面，很適合天氣寒冷時，搭配茶或咖啡享用。

材料 / Ingredient（重量 g）

麵糰

材料	重量
蜂蜜	98
黑糖	78
無鹽奶油 (膏狀)	78
小蘇打	5
法國肉桂粉	2
法國四味粉	3
全蛋	65
低筋麵粉	422
合計	751

裝飾

材料	重量
蛋白霜粉	25
糖粉	500
水	75
合計	600

烤溫 / Baking Temperature ｜ 上下火 165 / 165°C

時間 / Baking Time ｜ 15 分鐘

小叮嚀 / Tip

① 四味粉，法文 Quatre epices 意指四種香料，主要味道通常是白胡椒，但也有用黑胡椒或是兩種混和，再加上丁香、薑和肉荳蔻。這款香料在薑餅或是荷蘭餅皮中添加可以保有歐洲傳統糕點獨特的風味，如果手邊沒有這款食材，也可以使用肉桂粉代替。

② 蛋白霜裝飾在餅乾上完成後，冬天常溫乾燥約 2 小時以上，或使用蔬果烘乾機 40°C 約 1 小時。

作法 / Method

麵糰製作

1. 蜂蜜、篩好的黑糖、膏狀的無鹽奶油放入攪拌盆中。 
2. 篩好的小蘇打粉、法國肉桂粉、法國四味粉放入攪拌缸中,倒入秤好的【步驟1】。 
3. 使用槳狀攪拌器,打均勻。 
4. 分次加入全蛋。 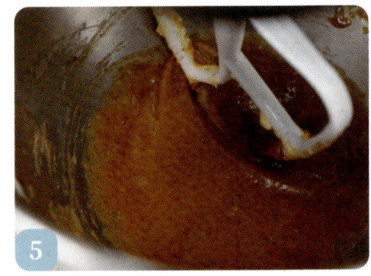
5. 攪拌均勻。 
6. 加入過篩好的低筋麵粉。 
7. 攪拌成糰。

整形

8. 取出麵糰,輕揉整形。 
9. 取烤焙紙墊在上下,輕壓麵糰。

Part five - Germany 第五章 - 德國

10 使用桿麵棍桿開,厚度約 0.5 公分厚。

11 放入冷凍冰硬。

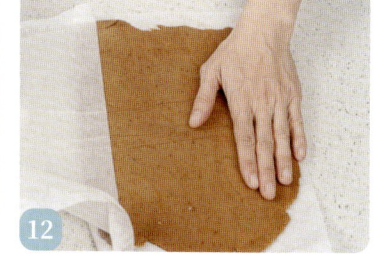

12 取出。

13 使用餅乾壓模。

14 壓出餅乾造型。

15 可使用不同壓模壓出不同造型。

16 剩餘的麵糰可以再壓一次。

烤焙裝飾

17 放在防沾洞洞烤網上,放上烤盤,放入烤箱上下火 165℃,烤 15 分鐘。

18 裝飾糖霜材料放入攪拌缸中打發,裝入擠花袋中,擠出裝飾餅乾。

83

松露巧克力

Truffes au chocolat

　　德國冬天的時節，巧克力店人潮絡繹不絕，松露巧克力是歐洲人最喜愛的巧克力之首，品嚐時如擁有深邃口感，具有令人愉快的可可堅果香氣，在舌頭留下有著不可思議的風味，讓人忍不住的一口接著一口一再回味。

材料 / Ingredient（重量 g）		
巧克力甘那許	73% 苦甜巧克力	195
	動物性鮮奶油	146
	葡萄糖漿	11
	香草籽醬	1 湯匙
	無鹽奶油（膏狀）	20
	合計	372
裝飾	可可粉	適量
	熟杏仁角	適量
	椰子絲	適量
	巧克力米	適量

溫度 / Temperature	80°C

小叮嚀 / Tip

① 松露巧克力外層使用防潮可可粉或高脂肪可可粉批覆，可以防止冷藏受潮。

② 高脂可可粉的可可脂含量約 20%～24%，油脂含量較高，意味著與空氣隔絕的效果比較好。

③ 保存期限：冷藏保存 7 日；品嚐時最佳溫度 10～15 度；從冷藏取出放至室溫回溫約 5 分鐘再享用，口感較佳。

作法 / Method

巧克力製作

1. 動物性鮮奶油及葡萄糖漿放入鍋中。 
2. 加入香草籽醬。 
3. 煮滾加熱至 80℃以上。 
4. 將 73％苦甜巧克力放入攪拌盆中，沖入液體。 
5. 巧克力與熱鮮奶油浸泡 5 分鐘，使巧克力融解。 
6. 攪拌至巧克力融化。 
7. 慢慢攪拌。 
8. 邊攪拌邊降溫，拌至光滑。 
9. 加入膏狀的無鹽奶油。

10 拌勻後,使用均質機,均質請勿超過 50℃,避免油水分離。

11 將巧克力均質。

12 拌至滑順有光澤,冰入冷藏 1 小時凝固。

整形

13 取出,使用挖球器。

14 由下而上挖出。

15 滾圓。

16 挖數球都滾圓。

裝飾

17 可滾上椰子絲裝飾。

18 還可以使用可可粉、杏仁角、巧克力米裝飾。

義大利

Part six
Italy

06

提拉米蘇

Tiramisu

　　義大利原文為 tirami sù，意為讓我高興或帶我走。甜點師傅托斯卡納在 17 世紀發明了提拉米蘇。18 世紀時，這種義大利甜點開始傳播到義大利以外的國家。

　　提拉米蘇，另一個說法是一種避免浪費剩餘蛋糕和冷咖啡的方法。將蛋糕浸泡在烈酒中，並夾入鮮奶油或馬斯卡彭起司，最後撒上一些可可粉，就是一道家喻戶曉的甜點。

Part six - Italy 第六章 - 義大利

材料 / Ingredient (重量 g)

蛋糕體	全蛋	276
	細砂糖①	162
	低筋麵粉	150
	可可粉	12
	72% 巧克力	12
	無鹽奶油（膏狀）	24
	合計	636
咖啡液	濃縮咖啡	100
	咖啡粉	5
	咖啡酒	10
	細砂糖②	7
	合計	122
內餡	牛奶	36
	細砂糖③	30
	蛋黃	48
	馬斯卡彭	150
	動物性鮮奶油	300
	合計	564

烤溫 / Baking Temperature ｜ 上下火 160 / 160°C

時間 / Baking Time ｜ 18 分鐘

小叮嚀 / Tip

① 製作蛋黃糊時，液體類需一次性加入，並同時與蛋黃一起快速打發，這個步驟可以使提拉米蘇的口感更輕盈。

② 製作時，蛋糕體需要充分浸泡在咖啡液中。品嚐時，蛋糕充滿咖啡的微苦、濕潤、入口即化，與鮮奶油內餡和可可粉的香味交織在一起，成為美味的義大利提拉米酥。

我在義大利米蘭品嚐的 Tiramisu 通常店家都是用深盤子當作容器，客人點餐後切一塊放入盤子中，有些店家會在旁邊放一些巧克力醬做裝飾。

我在米蘭品嚐了 2 家提拉米酥味道和口感都沒有讓我感到驚艷，或許我已經吃過心目中更好的，好幾年前在巴黎的一家義大利 Pizza 餐廳的提拉米酥，我比較懷念。我喜歡的提拉米酥是蛋糕體中咖啡味道濃郁且濕潤，內餡軟滑綿密入口即化的口感是最棒的。

作法 / Method

蛋糕體製作

1. 將全蛋及細砂糖①放入攪拌缸中，使用球狀攪拌器。 
2. 使用快速打發，約 5 分鐘。 
3. 打至畫 8 不會消失即可。 
4. 加入過篩好的低筋麵粉及可可粉攪拌均勻。 
5. 72％巧克力及無鹽奶油放入攪拌盆中，加熱至融化，放涼約 40℃，倒入一點麵糊拌勻。 
6. 再倒回麵糊中。

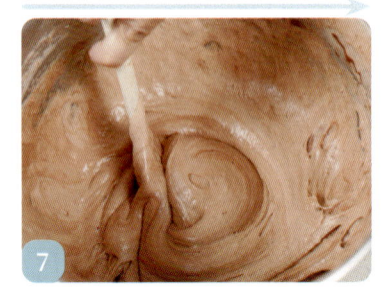

入模烤焙

7. 攪拌均勻。
8. 烤盤上鋪上烤焙紙，倒入麵糊，使用刮板抹平。 
9. 角落也要確實抹平，放入烤箱上下火 160℃，烤 18 分鐘。

內餡製作

10. 馬斯卡彭及動物性鮮奶油放入攪拌缸中，使用球狀攪拌器，打至有紋路，備用。 
11. 將蛋黃放入攪拌盆中，使用球狀攪拌器，打至起泡。 
12. 牛奶加細砂糖③放入鍋中。

13 煮滾後沖入蛋黃中打發。	**14** 打發。	**15** 打至濃稠乳白色。
16 慢慢加入打發的馬斯卡彭鮮奶油拌勻。	**17** 由下而上，輕輕攪拌。	**18** 完成的提拉米蘇內餡裝入擠花袋中，使用平口花嘴，備用。

組合

19 取一個合適的容器，放入切割好的蛋糕體。	**20** 將咖啡液材料混合放入鍋中煮滾，放涼，刷在蛋糕體上。	**21** 再擠入馬斯卡彭內餡。
22 再疊上一層蛋糕體，同樣手法一層一層疊起。	**23** 表面可再擠一層內餡。	**24** 撒上防潮可可粉裝飾。

香橙義大利脆餅

Biscotti

　　據傳說 biscotti 原本是麵包師傅想要再烤一次的餅乾，bis（兩次）cotti（烘烤）。如今，這款餅乾已經成為了義大利飲食文化的一部分。義大利脆餅非常簡單易做，吃起來的口感偏硬、脆、香，可以搭配咖啡或茶，享受美好的午茶食光。

　　義大利脆餅水份少所以容易保存，很適合外出旅行攜帶。而且相較其他的餅乾，Biscotti 熱量相對比較低，沒有使用到額外的奶油，所以較低脂因此很受到大眾歡迎。

材料 / Ingredient（重量 g）

餅乾體		
	全蛋	56
	細砂糖	94
	鹽	1
	低筋麵粉	135
	泡打粉	4
	熟杏仁片	45
	熟杏仁果	100
	香吉士 / 橙皮	半顆
	合計	435

份量 / Quantity	30 片
烤溫 / Baking Temperature	上下火 150 / 150℃
時間 / Baking Time	25 ～ 30 分鐘

小叮嚀 / Tip

①義大利脆餅內使用到的堅果可以依照個人喜好更換種類或是比例。

②義大利脆餅的厚薄度可以依照個人喜好調整，在義大利當地的脆餅厚度大約 2 公分屬於是厚片，咬時會有一些費勁，亞洲人偏愛約 1 公分厚度的脆餅，比較方便咀嚼。

③常溫可以保存 2 週。

作法 / Method

麵糰製作

1. 全蛋、細砂糖及鹽放入攪拌缸中。 
2. 刨入半顆香吉士皮或橙皮。 
3. 使用槳狀攪拌器。 
4. 攪拌均勻。 
5. 加入過篩好的低筋麵粉及泡打粉。 
6. 攪拌均勻。 
7. 拌成糰。 
8. 將烤熟的堅果，備用。 
9. 倒入麵糰中。 
10. 攪拌均勻。

整形

11. 刮板沾水，刮缸。 
12. 用刮板取出麵糰。

Part six - Italy 第六章 - 義大利

13 將餅乾體鋪在烤焙紙上。

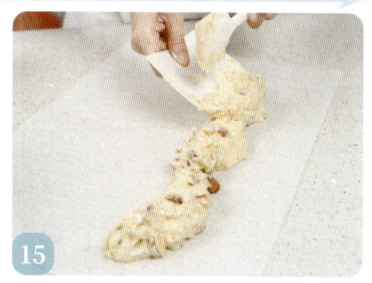

14 以橡皮刮刀輔助。

15 鋪成一條長條狀。

16 雙手沾水。

17 將麵糰放在烤焙紙上,整形。

18 慢慢整形成長條狀。

19 約寬度 7 公分、長度 38 公分。

烤焙

20 表面抹平,放入烤箱上下火 150℃,烤 25～30 分鐘。

21 切半確認脆餅有熟,再從烤箱取出。

22 切成每片約 1 公分厚度。

23 擺在烤盤上,繼續烤 10～15 分鐘。

24 完成義大利脆餅。

97

莓果奶酪杯

Panna cotta aux fruits rouges

　　奶酪的含義 Panna Cotta 一詞源自義大利語，字面意思是：煮熟的牛奶（Panna：奶油，Cotta：煮熟）。

　　這種甜點是義大利北部典型甜點。它的起源很神秘，可以追溯到 19 世紀初中世紀，誕生於奧斯塔山谷，一位匈牙利婦女用多餘的牛奶製作了這種甜點。由於該地區牛奶產量豐富，這一配方便誕生了。當時，即便是普通家庭，糖也是非常昂貴的，因此製作這種甜點時不會放糖。

　　傳統上，這種甜點是放在大盤子裡烹調的。然後將其脫模並切片食用。如今，甜點通常以小份量裝在玻璃杯或小杯子的形式供應。

材料 / Ingredient（重量 g）

香草奶酪	吉利丁粉①	10
	飲用水①	50
	香草籽醬	0.5 根
	動物性鮮奶油	200
	牛奶	468
	細砂糖①	46
	合計	774
莓果果凍	吉利丁粉②	4
	飲用水②	20
	覆盆子果泥	87
	草莓果泥	87
	水③	44
	檸檬汁	11
	細砂糖②	22
	合計	275
裝飾	新鮮水果	適量

份量 / Quantity｜奶酪 75 公克、果凍 25 公克 1 杯

小叮嚀 / Tip

① 吉利丁粉使用上比較方便，因為只需要加入飲用水混合均勻 3～5 分鐘就能使用。

② 吉利丁片的使用方法，重量和吉利丁粉一樣的公克數；吉利丁片泡冷的飲用水大約 300ml 以上，10 分鐘後瀝乾，吉利丁片會慢慢軟化吸水。(原始配方泡吉利丁粉的水不用瀝乾)

③ 奶酪需要冰冷藏 4 小時以上才會凝固。

馬達加斯香草籽醬

　　香草籽醬帶有香脂、酚醛和木香。可直接倒入使用，在使用上非常的方便。香草籽醬每公升含有 200 公克的香草棒，琥珀色糖漿帶有滿滿的香草籽，在添加香草風味的同時，增添視覺上的期待。

作法 / Method

奶酪製作

1. 吉利丁粉①加水①攪拌均勻，備用。
2. 動物性鮮奶油、牛奶及細砂糖①放入鍋中。 
3. 取香草籽醬。 
4. 加入鍋中。 
5. 中小火。
6. 煮滾。
7. 將吉利丁加入。 
8. 攪拌至吉利丁融化即可。 
9. 倒入大鍋中。

Part six - Italy　第六章 - 義大利

10 表面蓋上保鮮膜再拉掉,將泡泡去除。

入模
11 倒入適量容器中,約8分滿,冰入冷藏凝固。

莓果果凍製作
12 覆盆子果泥、草莓果泥、水③、檸檬汁及細砂糖②放入鍋中。

13 煮至細砂糖融化。

14 吉利丁粉②加水②攪拌均勻,備用,加入煮好的莓果凍中,煮3分鐘。

入模
15 取出凝固好的奶酪,填入適量莓果果凍。

冷藏凝固
16 冰入冷藏凝固。

裝飾
17 取出凝固好的奶酪,可擺入水果裝飾。

18 也可以使用不同的容器,製作不同造型的奶酪。

101

西西里奶油捲餅

Cannoli

　　卡諾里捲又名西西里奶油甜餡煎餅捲，是西西里飲食中的一款經典點心，堪稱義大利甜點的代表之一。電影《教父》裡有句台詞：「Leave the gun, take the cannoli」（槍留下，卡諾里捲帶走），足見它在義大利人心中的重要性。

材料 / Ingredient（重量 g）

麵糰	中筋麵粉	135
	細砂糖	25
	鹽	1
	肉桂粉	1
	無鹽奶油（融化）	20
	蛋黃	20
	全蛋	30
	橄欖油	10
	瑪斯拉酒或白蘭地	25
	合計	267
內餡	馬斯卡彭	100
	無糖優格	30
	糖粉	10
	黃檸檬皮	1 顆
	合計	140
裝飾	酒漬櫻桃	適量
	巧克力豆	適量
	開心果碎	適量
	糖漬橙皮	適量

溫度 / Temperature
油鍋溫度 150°C

小叮嚀 / Tip

① 西西里奶油捲填入內餡後，需要冷藏 1 小時再品嚐最佳；因為剛油炸的酥皮比較硬，遇到鮮奶油等內餡酥皮會軟化，酥香餅皮搭配清爽內餡，可口美味。

② 傳統餡料常以瑞可達起司 Ricotta Cheese 及糖為主，考量瑞可達起司比較不易取得，所以配方中使用馬斯卡彭起司來取代。

③ 為了避免酥皮因內餡變軟影響口感，有的甜點店在酥皮內側塗抹一層融化的巧克力，減少麵皮對水分的吸收，可以保存更長時間。

君度酒漬櫻桃

來自於法國，野生黑櫻桃在君度橙酒裡長時間浸漬，野生櫻桃的莓果酸味與君度橙酒甜味形成絕妙的搭配。這也是在製作德國黑森林蛋糕和義大利西西里奶油卷中，不可或缺的好食材。

這是我在義大利米蘭品嚐的，西西里奶油捲甜筒內層塗上一層巧克力，內餡是清爽的瑞可達起司，左右兩邊放上糖漬橘皮，一口咬下酥脆外皮不油膩，填入的瑞可達起司像是清爽型的馬斯卡彭起司，微甜的內餡搭配上糖漬橙皮，慢慢咀嚼橙皮的甜味釋放出來，真是讓人忍不住一口接一口。

作法 / Method

麵糰製作

1. 過篩好的中筋麵粉、細砂糖、鹽、肉桂粉、融化的無鹽奶油、全蛋、橄欖油放入攪拌缸中。

2. 使用槳狀攪拌器，攪拌成糰，加入瑪斯拉酒或白蘭地打勻。

3. 取出麵糰，使用保鮮膜包起，冰入冷藏鬆弛 1 小時。

4. 取出鬆弛好的麵糰。

整形

5. 桌面撒上手粉（高筋麵粉）。

6. 使用桿麵棍桿開。

7. 桿約厚度 0.2 公分。

8. 使用直徑 8 公分切模。

9. 壓出一片麵皮。

10. 其中一邊先刷上蛋液。

11. 放上直徑 1.5 公分管子，捲起。

12. 黏起。

Part six - Italy　第六章 - 義大利

13 捲起成圓柱狀。

油炸

14 起一油鍋約 150℃，連同管子一起放入油炸。

15 中小火炸至金黃。

16 取出。

17 放涼後取下管子。

內餡製作

18 馬斯卡彭及優格放入攪拌盆中。

19 加入過篩好的糖粉。

20 刨入黃檸檬皮。

21 攪拌均勻。

填餡裝飾

22 裝入擠花袋中。

23 擠入放涼的捲餅中。

24 可使用巧克力豆、酒漬櫻桃、開心果碎及糖漬橙皮裝飾。

義大利麵包棒

Gressin

　　麵包棒據說是在 17 世紀時，一位麵包師安東尼來到義大利西北部一個叫 Lanzo Torinese 的城市時，把每天製作的麵糰加以變化，整形長條形之後撒上各式香料，入爐烘烤，因為方便食用口味變化多，外型像鉛筆一樣細細長長，吃起來脆脆鹹香的，義大利人拿來當開胃小點，也可以當休閒零嘴。

材料 / Ingredient（重量 g）

麵糰	新鮮酵母	15
	水	95
	T55 麵粉	250
	鹽	5
	細砂糖	10
	特級橄欖油	40
	合計	415
裝飾	黑芝麻 + 白芝麻	適量
	義大利香料	適量
	杏仁角	適量
	七味粉 + 黑白芝麻	適量

大小 / Size	40*15*0.3 公分
烤溫 / Baking Temperature	上下火 150 / 150°C
時間 / Baking Time	20 分鐘

小叮嚀 / Tip

① 這個配方需要用好的橄欖油才能突顯特色，調味只需使用鹽之花。

② 麵包棒密封保存，可以放常溫 1 個月。

③ 義大利麵包棒在當地超市種類非常的豐富。例如：Pizza、全麥、起司、蒜香、番茄、迷迭香、羅勒……等口味，可以依照自己的喜好變化口味。

作法 / Method

麵糰製作

1. 新鮮酵母加水攪拌均勻。
2. 過篩好的 T55 麵粉、鹽、細砂糖及拌好的酵母水放入攪拌缸中。 
3. 使用槳狀攪拌器。 
4. 打成片絮狀。 
5. 加入橄欖油。 
6. 攪拌成糰。 
7. 成糰取出。 
8. 取出麵糰,手揉均勻。 
9. 揉至表面光滑。 
10. 滾圓。 

發酵

11. 放入盆中,蓋上保鮮膜,室溫發酵 30 分鐘。
12. 發酵至 2 倍大。

Part six - Italy 第六章 - 義大利

整形

13. 使用桿麵棍桿開。

14. 可以轉向桿開,比較好桿。

15. 大小約 40*15 公分、厚度 0.2 公分厚,放在烤焙紙上。

16. 冰入冷凍冰硬。

17. 取出,切約 1 公分寬度。

18. 使用刮板整形,擺直。

19. 將麵糰平均擺整齊,室溫發酵 10 分鐘。

20. 表面刷上蛋白。

裝飾烤焙

21. 撒上裝飾,可以混合黑芝麻加白芝麻,還可以使用義大利香料、杏仁角及混合的七味粉加黑白芝麻。
放入烤箱上下火 150°C,烤 20 分鐘,烤至金黃色。

109

日本

Part seven
Japan

07

昭和日式布丁

Pudding japonais

日本布丁受西方蛋奶布丁影響，於明治時代傳入日本，特色為濃滑細膩，常用雞蛋、牛奶、糖和香草製作，底部有焦糖糖漿。它在日本各地廣受歡迎，是日常小吃之一。

材料 / Ingredient（重量 g）

焦糖液	細砂糖	150
	水	30
	熱水	80
	合計	260
布丁液	牛奶	1000
	動物性鮮奶油	200
	香草莢醬	10
	煉乳	200
	全蛋	300
	蛋黃	120
	合計	1830

份量 / Quantity	20 杯
烤溫 / Baking Temperature	上下火 150 / 150°C
時間 / Baking Time	30 分鐘 (隔水烘烤)
器具 / Appliance	可使用喜歡的布丁容器

小叮嚀 / Tip

①蒸烤時選用深烤盤，才能加水隔水烘烤，蒸烤時水一定要用溫水。

②蒸烤時需要注意時間變化；烤太久時布丁容易出現孔洞，烤太短時布丁液可能還沒完全凝固，建議出爐時輕輕晃動來判斷布丁是否凝固。

作法 / Method

焦糖液作法

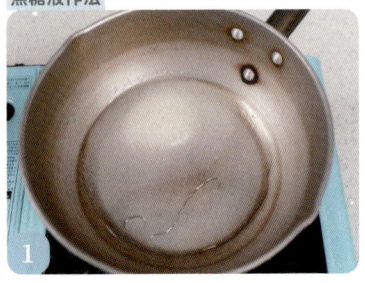

1. 細砂糖及水放入鍋中。 
2. 中火煮至糖融化。 
3. 煮到呈現焦糖顏色。 
4. 沖入熱水,小心燙。 
5. 攪拌均勻。 
6. 熄火,拌勻呈現焦糖色。

焦糖倒入模具

7. 倒入布丁杯中,冷藏備用。

布丁液作法

8. 牛奶、動物性鮮奶油、香草莢醬及煉乳放入鍋中。 
9. 攪拌均勻。 
10. 全蛋及蛋黃放入鍋中,加入1/3的牛奶。 
11. 攪拌均勻。 
12. 剩餘的牛奶煮到65℃,注意不要煮滾。

13. 沖入蛋黃液中。

14. 邊攪拌邊加入，攪拌均勻。

15. 混合好的蛋液，過篩。

布丁液倒入模具

16. 可以過篩兩次。

17. 篩好的蛋液，倒入凝固的焦糖液中。

18. 倒的速度不要太快。

19. 慢慢倒倒8分滿。

20. 可使用有尖嘴的容器，輔助倒入，避免表面有氣泡產生。

烤焙

21. 烤盤上倒入冷水，放入烤箱上下火150℃，烤30分鐘。

和菓子銅鑼燒

Doroyaki

銅鑼燒 Dorayaki 原產自日本，這是一款非常受歡迎的甜點，是和菓子的一種。

其中在配方中會添加醬油是製作銅鑼燒的一個小重點，有些銅鑼燒店著重於醬油味道重一點，有的則是會將三溫糖改成使用黑糖，也有人習慣味醂比較較高等等，在日本，每一家的銅鑼燒店，都有屬於他們自己獨家的配方。

材料 / Ingredient（重量 g）

麵糊	全蛋	120
	牛奶	22
	三溫糖	108
	小蘇打粉	0.8
	泡打粉	1.2
	低筋麵粉	112
	蜂蜜	12
	醬油	1
	味醂	8
	玄米油	8
	合計	393
內餡	市售紅豆餡	100
	合計	100

份量 / Quantity ｜ 1 片 20 公克、10 組

大小 / Size ｜ 直徑約 8 公分圓

小叮嚀 / Tip

① 麵糊加入麵粉之後不能攪拌太久，且需要鬆弛 30 分鐘後才能煎。

② 使用不沾鍋比較易操作。

③ 銅鑼燒麵糊煎至起泡時翻面，麵糊比較凝固一些。

④ 攪拌好的麵糊用湯匙倒入，每次放的量要一樣多，做成的銅鑼燒餅皮大小才能一致。

作法 / Method

麵糊製作

1. 全蛋、牛奶、三溫糖放入攪拌盆中。
2. 使用打蛋器攪拌均勻。 
3. 將三溫糖打至融化。 
4. 打製微微起泡。 
5. 加入篩好的小蘇打粉、泡打粉及低筋麵粉。 
6. 攪拌均勻。 
7. 拌勻成滑順麵糊。 
8. 再加入蜂蜜、醬油、味醂及玄米油。 
9. 攪拌均勻，放入冷藏靜置冰30分鐘。

煎製

10 取鐵盤或平底鍋加熱，取一湯匙麵糊。

11 輕輕倒在鐵板上，成圓片狀。

12 盡量每個都大小一致，約每個直徑 8 公分。

13 小火加熱，直到表面開始有氣泡冒出。

14 可使用平的木鏟，翻面。

15 翻面成咖啡金黃色。

16 翻面後約再煎 10 秒即可。

17 2 面煎熟後取下。

18 完成。

組合

19 放涼後的銅鑼燒皮翻到背面，取紅豆餡擺上。

20 內餡可依照喜好更換其他口味，也可以包入麻糬等食材。

21 兩兩一組組合。

白色戀人餅乾

Shiroi koibito

　　「白色戀人」是北海道家喻戶曉的伴手禮首選。由石屋製菓推出，至今仍是訪日旅客必買的經典款之一。

　　白色戀人的餅乾部分是使用貓舌餅乾的配方製作而成，再使用白巧克力夾心融合，做成夾心餅乾，吃起來的口感酥鬆且帶有奶油香氣，與白巧克力絲滑綿密的口感互相結合，堪稱入口即化。

材料 / Ingredient（重量 g）		
麵糊	糖粉	100
	蛋白	80
	低筋麵粉	80
	香草夾醬	6
	無鹽奶油 (融化)	90
	合計	356
內餡	調溫白巧克力	100
	合計	100

烤溫 / Baking Temperature	上下火 180 / 180°C
時間 / Baking Time	8 分鐘
器具 / Appliance	4*4 公分白色戀人方形模具

小叮嚀 / Tip

① 餅乾麵糊需要冷藏鬆弛大約 30 分鐘後，使麵糊凝固一些，再擠入模型中，使用刮板來回抹平。

② 因為這款餅乾比較薄，所以烘烤上色狀況需要注意，避免太上色。

③ 餅乾出爐後，需要在微溫狀態下放上白巧克力使其融化。

④ 餅乾製作好後包裝，冷藏保存可以放置約 15 天，夏天天氣炎熱白巧克力可能會融化所以要避免常溫保存。

作法 / Method

麵糊製作

1. 將糖粉及蛋白放入攪拌盆中。 
2. 使用打蛋器打勻。
3. 加入香草莢醬。 
4. 攪拌均勻。
5. 加入過篩好的低筋麵粉。 
6. 攪拌均勻。
7. 拌勻成光滑麵糊。 
8. 仔細拌勻至無粉粒。 
9. 分次加入融化的無鹽奶油。 
10. 再加入剩餘的奶油。 
11. 攪拌均勻。
12. 麵糊最後呈現光滑狀。

Part seven - Japan　第二章 - 日本

入模

13　將麵糊放入擠花袋中，放入冷藏靜置冰 30 分鐘。

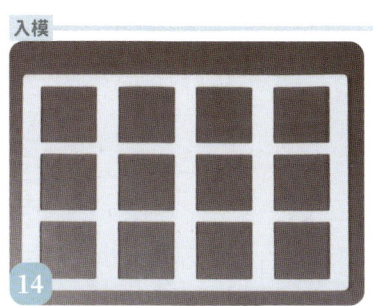

14　烤盤上放上 4*4 公分白色戀人方型模具。

15　在方框中擠入麵糊。

16　先每個都擠上。

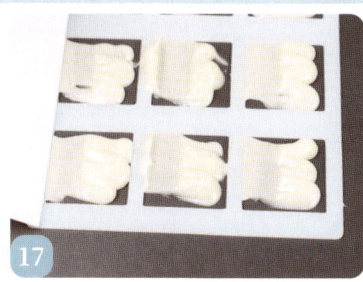

17　使用刮板刮平整。

18　一片一片刮。

19　要確保每片都填滿。

20　輕輕往上取下模具。

21　一個烤盤上可以等距抹上。

烤焙

22　放入烤箱上下火 180℃，烤 8 分鐘，取出後趁熱用刮板翻面。

內餡組合

23　擺上調溫白巧克力，利用餘溫讓巧克力稍稍融化。

24　兩兩一組組合。

123

蘭姆葡萄夾心餅乾

Biscuits rhum raisins

　　蘭姆葡萄夾心餅乾是日本北海道必買的伴手禮之一，香氣四溢的鬆脆餅乾帶有糕餅的口感，絲滑香草奶油霜與蘭姆酒的葡萄乾讓這款餅乾增添了不少驚喜的風味。

材料 / Ingredient（重量 g）

奶油西餅	無鹽奶油①（膏狀）	115
	三溫糖	50
	黑糖（過篩）	25
	全蛋	50
	低筋麵粉	220
	鹽	1
	泡打粉	2
	合計	463
夾心奶油餡	動物性鮮奶油	72
	香草籽醬	6
	糖粉	20
	葡萄糖漿	20
	無鹽奶油②（膏狀）	168
	蘭姆酒	15
	合計	301
蘭姆葡萄	葡萄乾	80
	蘭姆酒	30
	合計	110

大小 / Size ｜ 4*8 公分

烤溫 / Baking Temperature ｜ 上下火 160 / 160°C

時間 / Baking Time ｜ 25 分鐘

小叮嚀 / Tip

① 餅乾整形完成後需要冷凍 30 分鐘，才方便切塊，也可以利用模型切成喜歡的形狀。

② 餅乾出爐後，需確認完全冷卻才能進行組合的動作，不然夾心餡會化掉。

③ 保存：冷藏保存 3 天，冷凍保存 7 天。

作法 / Method

麵糰製作

1. 攪拌缸中放入無鹽奶油①、三溫糖及過篩好的黑糖。 
2. 使用槳狀攪拌器。 
3. 攪拌均勻。
4. 分次加入全蛋。 
5. 攪拌均勻。
6. 加入過篩好的低筋麵粉、泡打粉及鹽。 
7. 混合拌勻。
8. 攪拌成糰。 
9. 取出，放在烤焙紙上，再蓋上一張烤焙紙，兩邊架排尺，桿平約厚度 0.4 公分，冷凍冰 20 分鐘。 
10. 撕開烤焙紙。 
11. 分割每個 4*8 公分。 
12. 可使用紙尺量大小切割。

Part seven - Japan 第二章 - 日本

烤焙

13 烤盤上放上防沾洞洞烤網，再擺上切割好的麵糰，放入烤箱上下火 160℃，烤 25 分鐘。

奶油餡製作

14 動物性鮮奶油、香草籽醬、糖粉、葡萄糖漿、膏狀無鹽奶油②放入攪拌盆中。

15 使用球狀攪拌器。

16 打至稍微變白。

17 加入蘭姆酒。

18 打發至變白。

19 裝入擠花袋中。

20 使用平口花嘴。

組合

21 烤好的餅乾放涼，擠上夾心奶油餡。

22 將葡萄乾加入蘭姆酒浸泡隔夜，擠乾，擺在奶油霜上。

23 兩兩一組。

24 輕壓組合。

127

日式輕乳酪

Gâteau au fromage léger

　　輕乳酪蛋糕是日本很具代表的甜點之一，口感如海綿蛋糕般輕柔爽口，其本身的乳酪與糖的份量都較少，是利用蛋白打發後水浴烘烤，讓其口感蓬鬆且濕潤。

　　這一款蛋糕製作時難度較高一些，需製作出完美的成品，要注意蛋白的打發狀態和溫度，這才能掌握了成功的關鍵。

材料 / Ingredient (重量 g)

麵糊	奶油乳酪	208
	牛奶	124
	無鹽奶油	73
	低筋麵粉	13
	玉米粉	24
	蛋黃	70
	蛋白	132
	細砂糖	88
	合計	732
裝飾	鏡面果膠	適量

份量 / Quantity	350 公克 2 模
烤溫 / Baking Temperature	上下火 160 / 120°C
時間 / Baking Time	共烤約 48 分鐘
器具 / Appliance	6 吋圓型固定模

小叮嚀 / Tip

①烘烤的溫度過高，很容易導致糕體過高而裂開。

②蛋白打發的過硬也有可能促成蛋糕表面龜裂。

③麵糊裝太滿也可能導致蛋糕體過高而裂開。

④保存：冷藏可保存 4 天，冷凍狀態下的蛋糕可放室溫退冰至個人喜歡吃的口感即可品嚐。

作法 / Method

麵糊製作

1. 奶油乳酪放入鍋中，隔水加熱。 
2. 輕輕拌開，軟化奶油乳酪。 
3. 使用打蛋器打勻。 
4. 奶油乳酪融化後，加入無鹽奶油及牛奶。 
5. 攪拌均勻。 
6. 拌至滑順。 
7. 加入過篩好的低筋麵粉及玉米粉。 
8. 攪拌均勻。 
9. 分次加入蛋黃。 
10. 混合拌勻。 
11. 使用篩網過篩。 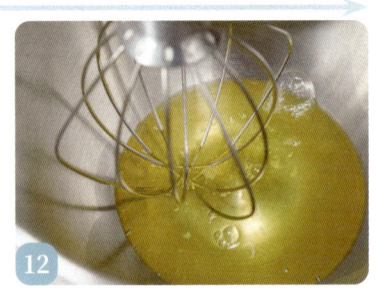
12. 攪拌缸中放入蛋白。

13. 分次加入細砂糖。 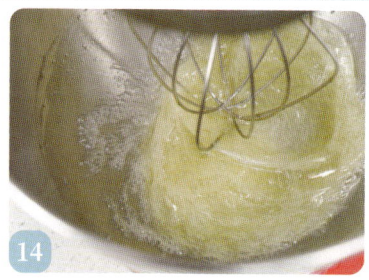
14. 打至稍微變白。 
15. 再加入細砂糖。 
16. 打至濕性發泡。 
17. 取一點蛋白霜,加入蛋黃糊中。 
18. 使用刮刀由下往上輕輕拌勻。

入模

19. 取6吋固定烤模,噴上烤焙油。 
20. 倒入350公克麵糊。

烤焙

21. 放在烤盤上,盤上加入熱水,放入烤箱上下火160/120℃,烤30分鐘,降爐溫上下火160/0℃,續烤18分鐘。 
22. 輕壓表面有彈性,沒有浮動感,即可出爐。

脫模裝飾

23. 出爐後倒扣,脫模。 
24. 表面刷上鏡面果膠。

荷蘭

Part eight
Netherlands

08

荷蘭餅

Gaufres hollandaises

　　荷蘭餅 stroopwafels 最早起源是在 19 世紀的高達 Gouda。是一款由兩片香料餅乾夾著焦糖糖漿做成的。在荷蘭，荷蘭餅是最受歡迎且也是家喻戶曉的伴手禮之一。

　　荷蘭人喜歡將荷蘭餅蓋在一杯茶或咖啡上，一邊吃軟，一邊吃酥脆的口感。

材料 / Ingredient（重量 g）

麵糊

材料	重量
無鹽奶油①（膏狀）	98
黑糖（過篩）	30
二砂糖	30
全蛋	22
牛奶	19
泡打粉	7.5
蕎麥粉	75
高筋麵粉	150
法國四味粉	5
合計	436.5

內餡

材料	重量
葡萄糖漿	9
細砂糖	70
海藻糖	70
熱水	27
無鹽奶油②（膏狀）	44
合計	220

份量 / Quantity ｜ 30 公克 1 個

烤溫 / Baking Temperature ｜ 180°C

器具 / Appliance ｜ 鬆餅機

小叮嚀 / Tip

① 四味粉，法文 Quatre epices 意指四種香料，主要味道通常是白胡椒，但也有用黑胡椒或是兩種混合的四味粉，會再加上丁香、薑和肉荳蔻搭配組合。這款香料會添加在薑餅或是荷蘭餅皮中，會有歐洲傳統糕點獨特的風味，如果手邊沒有這款食材，也可以使用肉桂粉代替。

② 傳統荷蘭餅製成是將一片格子餅，煎熟後趁熱使用小刀橫刀一分為二，中間夾入微熱的焦糖內餡。

③ 煎製荷蘭餅的機器可以使用日本 Vitantonio 鬆餅機的蕾絲餅模型操作，需要掌控餅乾烘焙程度。

作法 / Method

麵糰製作

1. 無鹽奶油①、篩好的黑糖及二砂糖放入攪拌缸中。 
2. 使用槳狀攪拌器，攪拌均勻。 
3. 分次加入全蛋及牛奶。 
4. 攪拌均勻。 
5. 加入過篩好的泡打粉、蕎麥粉、高筋麵粉、法國四味粉。 
6. 攪拌均勻。 
7. 拌成糰取出。 
8. 分割每個 30 公克，室溫鬆弛 1 小時。

焦糖醬製作

9. 葡萄糖漿、細砂糖、海藻糖放入鍋中。 
10. 加熱至融化。 
11. 煮成焦糖色。
12. 煮滾。

Part eight - Netherlands　第八章 - 荷蘭

13 加入熱水，小心沖入。

14 再煮滾。

15 加入無鹽奶油②。

16 攪拌均勻，煮到121℃，保溫備用。

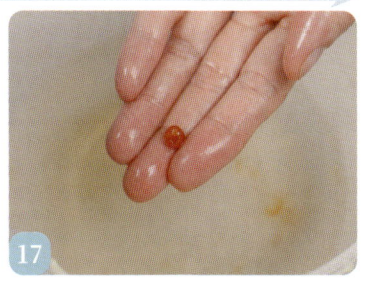

17 取一點點糖，放入常溫水中呈現軟球狀。

煎製

18 鬆弛好麵糰取出，放入荷蘭餅機中，預熱180℃。

19 蓋起，壓約3分鐘，打開有上色又不會過乾，取出。

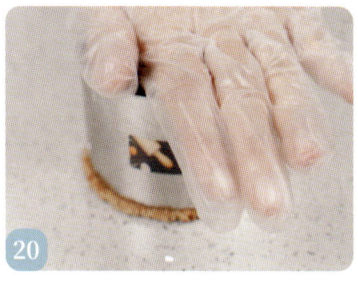

20 趁熱使用直徑8公分圓形慕斯壓模壓出圓片狀。

21 使用小刀從中間剖開。

22 放涼。

組合

23 中間抹上內餡，焦糖內餡需要維持在70℃，以免焦糖硬掉不好抹。

24 蓋起成夾心。

137

俄羅斯

Part nine
Russian

09

俄羅斯軟糖

Guimauve russe

皇宮御用點心俄羅斯軟糖，軟嫩 Q 彈口感搭配堅果果乾香氣，甜而不膩，也是蔣方良女士懷念家鄉的最愛。

材料 / Ingredient（重量 g）

俄羅斯軟糖體	吉利丁粉	25
	飲用水①	125
	水麥芽	140
	細砂糖	98
	海藻糖	56
	水②	42
	鹽	1
	香草籽醬	少許
	檸檬汁	18
	熟杏仁果	60
	熟胡桃	60
	開心果	30
	蔓越莓	40
	合計	695
裝飾	玉米粉(熟)	適量

份量 / Quantity：1 模

溫度 / Temperature：糖漿煮到 110°C

器具 / Appliance：24*17*3 公分長方形模具

小叮嚀 / Tip

①吉利丁粉使用上比較方便，因為只需要加入飲用水混合均勻，浸泡 3～5 分鐘即可使用。

②吉利丁片使用方法，重量和吉利丁粉一樣的公克數，吉利丁片泡冷的飲用水大約 300ml 以上，10 分鐘後瀝乾，吉利丁片會慢慢吸水軟化(原始配方的 100 克泡吉利丁粉的水不需要瀝乾)。

作法 / Method

俄羅斯軟糖體製作

1. 吉利丁粉加飲用水①攪拌均勻，備用。
2. 將水麥芽、細砂糖、海藻糖、水②、鹽放入鍋中。  
3. 再加入香草籽醬。 
4. 加熱煮到糖漿溫度 110℃。 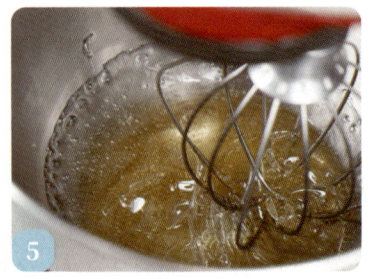
5. 倒入攪拌缸中。 
6. 鍋中留一點糖漿倒入泡好的吉利丁，利用餘溫溶解。 
7. 再倒入攪拌缸中。 
8. 使用球狀攪拌器，打至變白呈現蓬鬆狀態。 
9. 加入檸檬汁。 
10. 攪拌均勻。
11. 拉起帶小勾勾狀。 
12. 倒入熟杏仁果、熟胡桃、開心果、蔓越莓。

入模

13. 使用刮刀拌勻。 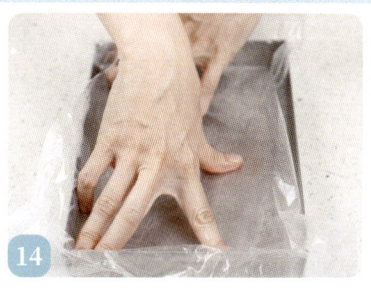
14. 將塑膠袋抹油，墊在烤模中。 
15. 再將軟糖拌一下。
16. 小心倒入模具中。 
17. 軟糖有黏性，刮刀可以抹點油會較好操作。 
18. 填滿後，使用抹刀抹平。 
19. 可以輕敲後，再壓緊實。 
20. 表面再蓋上塑膠袋。 
21. 袋子上要記得抹油，包起，冰入冷藏 30 分鐘。

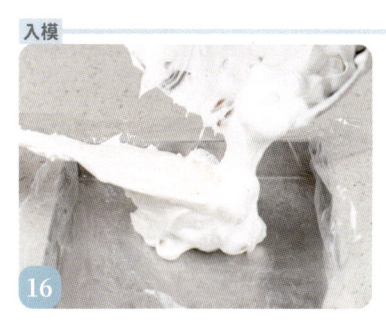

脫模分割

22. 取出，撒上熟玉米粉在表面。 
23. 切成適當大小。 
24. 再裹上熟玉米粉，防止沾黏。

俄羅斯菸捲

Cigarette russe

不是俄羅斯人發明的俄羅斯煙捲，在 1950 年，第一支俄羅斯煙捲餅乾誕生。由法國人 Charles Delacre 發明的，他原先是一名藥劑師，因他十分熱愛甜點與巧克力，且善於銷售和包裝，才開始經營餅乾工廠 Delacre，俄羅斯煙捲就是其中一款餅乾，這一款餅乾受到大家歡迎並且暢銷全世界。

Part nine - Russian　第九章 - 俄羅斯

麵糊	材料 / Ingredient（重量 g）	
	糖粉	50
	全蛋	50
	低筋麵粉	63
	無鹽奶油 (融化的)	63
	合計	226

烤溫 / Baking Temperature　上下火 190 / 190°C

時間 / Baking Time　7 分鐘

器具 / Appliance　雪茄蛋捲模具

小叮嚀 / Tip

① 俄羅斯煙捲烘烤時需要注意時間，萬一餅乾太乾了會難以捲起造成斷裂。

② 餅乾麵糊塗抹厚薄度需要一致。

145

作法 / Method

麵糊製作

1. 將篩好的糖粉及全蛋放入攪拌盆中。
2. 使用打蛋器攪拌均勻。 
3. 倒入篩好的低筋麵粉。 
4. 攪拌均勻。 
5. 拌勻成光滑無粉粒麵糊。 
6. 分次加入融化的無鹽奶油。 
7. 慢慢一點一點加入。 
8. 攪拌均勻。 
9. 拌勻至光滑麵糊，封上保鮮膜冷藏 30 分鐘。 
10. 取出麵糊，先攪拌均勻。 
11. 裝入擠花袋中。 

入模

12. 將雪茄蛋捲模放在防沾烤焙布上，擠上麵糊。

Part nine - Russian 第九章 - 俄羅斯

13 每個都擠上。

14 使用刮板抹平。

15 可以轉邊一個一個抹均勻。

16 表面抹平整。

17 輕輕取下模具。

18 要小心不要碰到抹好的麵糊，取下模具。

烤焙整形

19 放入烤箱上下火 190℃，烤 7 分鐘，取出，帶上防熱手套使用鐵棒趁熱捲起。

20 要趁還熱的時候捲起。

21 從平的那端捲到弧度那端。

取下鐵棒放涼

22 捲起後再取出鐵棒，重複步驟。

23 捲好放涼。

24 放涼後就會變脆，即完成。

俄羅斯蜂蜜蛋糕

Medovik

　　俄羅斯當地的國民甜點，它的地位就像是義大利的提拉米蘇一樣。

　　我第一次品嚐到俄羅斯蜂蜜蛋糕是 15 年前左右，在巴黎春天百貨裡面的俄羅斯甜點店。這是一間到現在都還是很受歡迎的咖啡甜點店。這款蛋糕的獨特風味是我一直尋找的，好多年後我詢問法國俄羅斯混血的姐姐食譜和做法，再自己研究了許久最終調整成喜歡的風味，每一層蜂蜜蛋糕中間夾著優格蜂蜜奶霜，品嚐後香甜不膩口。

材料 / Ingredient（重量 g）

麵糰
材料	重量
蜂蜜①	40
無鹽奶油（膏狀）	60
細砂糖	120
全蛋	100
低筋麵粉	350
小蘇打粉	3
合計	673

內餡
材料	重量
動物性鮮奶油	250
無糖優格	100
蜂蜜②	35
合計	385

裝飾
材料	重量
熟榛果	30
熟杏仁角	30
餅乾屑	適量

- **份量 / Quantity**：麵糰 75 公克 / 片 內餡 60 公克 / 層
- **烤溫 / Baking Temperature**：上下火 150 / 150°C
- **時間 / Baking Time**：12 分鐘
- **器具 / Appliance**：6 吋慕斯圓型模

小叮嚀 / Tip

① 優格蜂蜜鮮奶油打發後質地比較軟一些，塗抹時需要注意溫度和時間，速度慢一些鮮奶油會有融化的風險，建議打發好的鮮奶油隔冰水保持冰冷。

② 這一款蛋糕需要熟成，冷藏一晚後餅乾體吸收優格蜂蜜鮮奶油的水份而變得柔軟可口。

作法 / Method

麵糰製作

1 無鹽奶油、細砂糖、蜂蜜放入攪拌盆中。

2 隔水加熱至 70℃將細砂糖融化，加入全蛋。

3 攪拌均勻。

4 將拌勻蛋液、篩好的低筋麵粉及小蘇打粉放入攪拌缸中。

5 使用槳狀攪拌器，攪拌均勻。

6 取出放入塑膠袋中，放入冷藏靜置冰 30 分鐘。

烤焙整形

7 取出分割每個 75 公克，將每個桿平比 6 吋模大，放在洞洞烤網上。

8 放入烤箱上下火 150℃，烤 12 分鐘。

9 出爐後趁熱，使用 6 吋慕斯框壓出形狀。

10 趁熱壓比較好壓，冷掉會硬掉不好處理。

裝飾餅乾粉製作

11 邊緣剩餘的餅乾打成粉，備用。

內餡製作

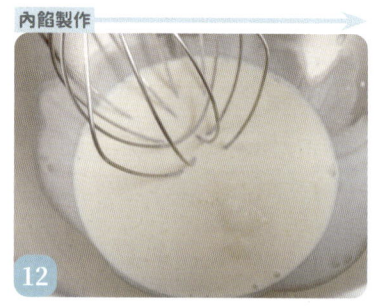

12 動物性鮮奶油放入攪拌缸中。

Part nine - Russian 第九章 - 俄羅斯

13. 使用球狀攪拌器，打至 5 分，有紋路。 
14. 加入優格，攪拌均勻。 
15. 加入蜂蜜。

16. 打至鮮奶油呈現彎鉤垂狀。
17. 放入擠花袋中。 

組合 
18. 一片餅皮一層鮮奶油。

19. 一層一層將蛋糕疊起。
20. 約疊 6 層。 

裝飾 
21. 再將表面抹上鮮奶油。

22. 頂部也抹上鮮奶油。
23. 側面再沾上打碎的餅乾粉。 
24. 表面可使用鮮奶油、榛果、插卡裝飾。 

151

西班牙

Part ten
Spain

10

巴斯克乳酪蛋糕

Gâteau basque

西班牙巴斯克乳酪蛋糕 Basque 是起源於西班牙巴斯克這個小鎮，也是近幾年非常流行的甜點，受歡迎的原因在於，內餡呈現柔軟滑順像卡士達的口感，吃起來有種香濃綿密的起司鹹香風味，外側略為上色散發濃郁焦香，入口即化，讓人一口接一口。

我的一位好朋友曾經從西班牙當地，專程帶回一塊正宗的巴斯克乳酪蛋糕送我，我第一口品嚐時，嗯…這個跟我想的不一樣，這口感好有顆粒感，感覺是完全沒均質或過篩吧？味道雖然很好，乳酪香氣淡淡的，但這塊乳酪蛋糕的風味卻比較像烤布丁或重乳酪蛋糕的味道；我個人感覺有點偏甜但在還可以接受的程度，整體蛋糕口感較軟，質地偏向卡士達醬的柔軟。

材料 / Ingredient（重量 g）

麵糊	奶油乳酪	350
	全蛋	150
	動物性鮮奶油	150
	細砂糖	75
	玉米粉	10
	檸檬皮	1 顆
	檸檬汁	10
	合計	745

份量 / Quantity　700 公克 1 模

烤溫 / Baking Temperature　上下火 200 / 200°C

時間 / Baking Time　23 分鐘

器具 / Appliance　6 吋圓型固定模

小叮嚀 / Tip

① 如果喜歡軟心的口感，可以縮短烘烤時間，雖然熱熱取出時中心會晃動，但是冷藏後奶油乳酪會凝固，品嚐時的質地就會柔軟一些。

　　我在西班牙旅遊時最喜歡的乳酪蛋糕。旅遊時意外發現這一家餐廳在傳統市場裡面，網路評價非常高，午餐時刻客人非常多需要耐心等候，這家的餐點非常美味尤其是西班牙蒜蝦，用餐後服務生建議來一塊招牌甜點《巴斯克乳酪蛋糕》，外觀沒有什麼特別，但是品嚐後這一塊乳酪蛋糕口感非常滑順細緻像是卡士達醬，奶香味濃郁但又不膩口，底部有一層薄薄的餅乾底增添了一些絕妙的口感，因為太美味了，品嚐結束後又外帶了一份回家品嚐。

Casa Dani
Cl. de Ayala, 28, Salamanca, 28001
Madrid, 西班牙

圖片中的另一道甜點是西班牙布丁
很類似傳統的烤布丁蛋香味濃厚
口感比較紮實一些

作法 / Method

麵糊作法

1. 奶油乳酪放入鍋中。 
2. 加入細砂糖隔水加熱。 
3. 攪拌均勻後分次加入全蛋。 
4. 攪拌均勻。 
5. 加入動物性鮮奶油。 
6. 混合拌勻。 
7. 加入過篩好的玉米粉。 
8. 攪拌均勻。 
9. 刨入檸檬皮，加入檸檬汁。 
10. 攪拌均勻，備用。

折紙

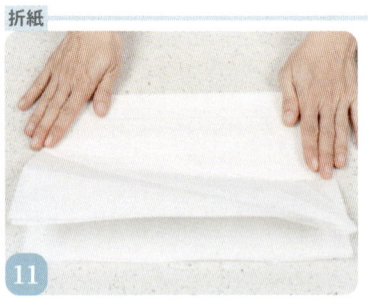

11. 取一張烤焙紙，對折再對折。 
12. 再折成方形。

Part ten - Spain 第十章 - 西班牙

13 有折痕的那端當尖端。

14 取一邊折起,成三角形。

15 同樣手法再折。

16 使用 6 吋烤模比高度,剪掉多餘的烤焙紙約多出邊緣 3 公分。

17 攤開,擺入 6 吋烤模中。

18 擺入輕壓實。

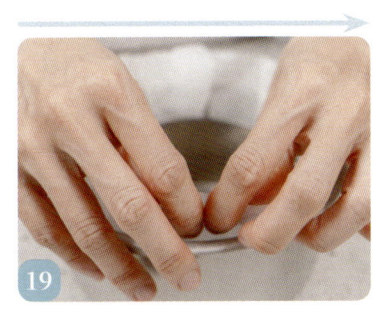

19 整理邊緣。

入模烤焙

20 整理好後,記得圓底下邊緣也要壓緊實。

21 倒入麵糊每個 700 公克,放入烤箱上下火 200℃,烤 23 分鐘。

吉拿棒

Churros

　　吉拿棒 Churros 是一種西班牙道地美食在咖啡店或是小攤販都會販售，基底是類似泡芙的作法，外酥內軟的口感令人著迷。

　　我品嚐過馬德里百年老店 Chocolateria San Gine 的吉拿棒，我一口咬下，酥脆的外殼帶著溫熱，中心的口感有點微微蛋糕質地，咬下後有嚼勁的口感，單吃 Churros 本身並沒有甜味，反而有一點點隱隱鹹味，搭配著巧克力沾醬讓人忍不住一口接一口。

材料 / Ingredient（重量 g）

類別	材料	重量
麵糊	牛奶①	140
	無鹽奶油	56
	鹽	3
	細砂糖①	8
	中筋麵粉	112
	全蛋	100
	合計	419
肉桂糖粉	細砂糖②	30
	糖粉	30
	肉桂	6
	合計	66
巧克力沾醬	牛奶②	50
	動物性鮮奶油	50
	苦甜巧克力	80
	合計	180

器具 / Appliance｜SN7082 花嘴

我品嚐過馬德里百年老店 Chocolateria San Gine 的吉拿棒，一口咬下酥脆的外殼有著令人滿意的溫熱口感，中間有微微的蛋糕質地且帶點嚼勁；單吃 Churros 本身並沒有甜味，反而有一點點隱隱鹹味，搭配著巧克力沾醬讓人忍不住一口接一口。

小叮嚀 / Tip

① 吉拿棒配方沒有添加任何一滴水，製作時蛋液增加，會使吉拿棒油炸後膨脹的多一些，且中心的口感會類似蛋糕。

② 如配方中蛋液較少，吉拿棒油炸後體積會膨脹的少一點，會比較有嚼勁一些。

③ 冷凍後變硬的吉拿棒，待完全冷凍後可以收集放一起，冷凍保存一個月，需要時直接油炸即可。

作法 / Method

麵糊作法

1. 將牛奶①、無鹽奶油、鹽及細砂糖①放入鍋中。 
2. 中小火加熱至奶油及細砂糖融化。
3. 煮滾。 
4. 熄火，加入篩好的中筋麵糊。  
5. 攪拌均勻。 
6. 拌至無粉粒。 
7. 再使用中小火炒麵糊。
8. 炒至鍋底有結皮。
9. 麵糊炒至光滑，鍋底有結皮即可熄火。  
10. 取出麵糊，放入攪拌盆中，打至溫度低於60℃。 
11. 分次加入全蛋，使用槳狀攪拌器。 
12. 攪拌均勻。

Part ten - Spain 第十章 - 西班牙

13 打至有黏性。

14 裝入擠花袋中。

整形

15 冷凍作法：使用花嘴 SN7082，將烤焙紙放在烤盤上，擠上條狀的麵糊。

16 冰入冷凍冰硬。

17 取出切半。

油炸

18 冷凍的吉拿棒可直接下油鍋油炸至金黃即可。

19 麵糊直接法：起一個油鍋加熱，取剪刀沾上油。

20 直接將麵糊擠入油鍋中，使用剪刀剪斷（沾上油就不沾剪刀）。

21 炸至表面金黃即可。

肉桂糖粉

22 混合肉桂糖粉材料。

裹上糖粉

23 炸好的吉拿棒放入肉桂糖中。

24 裹上糖粉。

161

聖地牙哥杏仁蛋糕

Gâteau de Santiago

　　在歐洲許多甜點的起源都與宗教有關連。而西班牙聖地牙哥杏仁蛋糕 Tarta de Santiago 是來自一位神父的巧思，西班牙北部聖地牙哥這個地方最為出名的特色甜點就是這道杏仁蛋糕，是一款加入了大量的杏仁粉，無添加任何麵粉，且蛋糕口感濕潤而且也不需要冷藏。

材料 / Ingredient（重量 g）

麵糊		
	蛋黃	60
	細砂糖①	25
	香草籽醬	2
	黃檸檬皮	1
	鹽	1
	杏仁粉	100
	橄欖油	25
	蛋白	90
	細砂糖②	40
	合計	344

份量 / Quantity	160 公克 2 模
烤溫 / Baking Temperature	上下火 150 / 150°C
時間 / Baking Time	25 分鐘
器具 / Appliance	6 吋圓型派模

小叮嚀 / Tip

①蛋白需打發至 8 分發的程度，蛋黃需打發到濃稠的狀態。

②這款蛋糕的模具需要抹上一層無鹽奶油及撒上杏仁粉，蛋糕才比較容易脫模。

③保存：常溫可保存 5 天。

作法 / Method

模具前置作業

1. 取派模刷上無鹽奶油。
2. 撒上杏仁粉。 
3. 整個模具沾裹上杏仁粉，備用。 

麵糊作法

4. 蛋黃及細砂糖①放入攪拌盆中。
5. 加入香草莢醬。 
6. 刨入黃檸檬皮。 
7. 使用球狀攪拌器。 
8. 打至起泡。 
9. 打到有紋路。 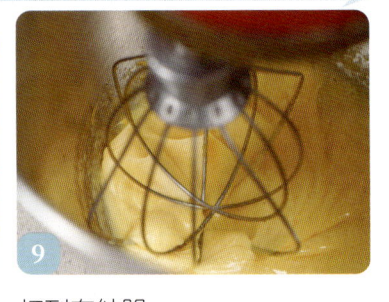
10. 打至乳白。 
11. 打到有紋路不會馬上消失即可。 
12. 蛋白放入攪拌盆中，分次加入細砂糖②。

13 使用球狀攪拌器,打至起泡。

14 加入剩餘的細砂糖。

15 繼續打至 8 分發。

16 取蛋白霜加入蛋黃糊中。

17 攪拌均勻。

18 加入篩好的杏仁粉攪拌均勻。

19 取一部分麵糊,加入橄欖油先攪拌均勻。

20 再倒回鍋中。

21 攪拌均勻。

入模烤焙

22 取麵糊 160 公克填入派模中,放入烤箱上下火 150℃,烤 25 分鐘。

脫模裝飾

23 烤好後,倒扣脫模。

24 杏仁蛋糕放涼後,使用紙模放在表面,撒上防潮糖粉裝飾。

臺灣

Part eleven
Taiwan

11

鳳梨酥

Le gâteau à l'ananas

　　鳳梨酥是一款最具台灣特色的觀光伴手禮。也是烘焙麵包店的長銷熱門商品。

　　台灣早期鳳梨產量十分充足,當時經濟以農產品及鳳梨加工罐頭外銷為主。因此烘焙業者也試圖運用鳳梨做成中式糕點。在多次實驗下,研發出將冬瓜煮熟脫水後,加入鳳梨、麥芽等長時間慢火熬煉,並搭配改良數次的餅皮,創造出大家所熟知的獨特風味。

材料 / Ingredient（重量 g）

鳳梨酥皮	無鹽奶油①（膏狀）	105
	糖粉	30
	鹽	1
	蛋黃	15
	煉奶	25
	中筋麵粉	100
	全麥粉	50
	起司粉	5
	全脂奶粉	18
	合計	349
鳳梨餡	鳳梨餡	300
	無鹽奶油②（膏狀）	10
	合計	310

份量 / Quantity	12 個 / 皮 25 公克 餡 17 公克
器具 / Appliance	臺灣造型鳳梨模具
烤溫 / Baking Temperature	上下火 150 / 150°C
時間 / Baking Time	20 分鐘

小叮嚀 / Tip

①鳳梨酥內餡可以使用土鳳梨餡或是鳳梨內餡：
　土鳳梨餡：完整保留鳳梨的原始滋味，果香明顯、酸中帶甜，也能吃到鳳梨本身的纖維。
　鳳梨內餡：加入冬瓜的鳳梨餡口感偏軟，吃起來綿密滑順、不易咬舌；甜度通常也偏高，酸味較不明顯。
　可以依照自己喜歡的味道調整土鳳梨與冬瓜鳳梨內餡的比例，市面上也有其他特殊口味的內餡都可以更換。

②這個配方製作出來的鳳梨酥外皮較為扎實，有著接近餅乾的那種鬆酥口感。

③配方中添加全麥粉使有麥香、堅果與穀物的香氣，添加起司粉使得增加奶香的濃郁風味與些許鹹香感。

作法 / Method

鳳梨酥皮作法

1. 將無鹽奶油①（膏狀）加入糖粉、鹽。 
2. 使用槳狀攪拌器。 
3. 稍微打至變白。 
4. 分次加入蛋黃、煉乳。 
5. 攪打均勻。 
6. 加入篩好的中筋麵粉、全麥粉、起司粉及全脂奶粉。 
7. 拌打至成糰。
8. 取出。
9. 分割鳳梨皮每個 25 公克。

鳳梨餡分割

10. 將鳳梨餡及膏狀的無鹽奶油②攪拌均勻，分割每個鳳梨餡 17 公克。

組合

11. 先將分割好的鳳梨皮揉均勻，搓成圓球狀。 
12. 輕壓一個凹槽，放入分割好的鳳梨餡。

Part eleven - Taiwan　第十一章 - 臺灣

13　輕壓。

14　慢慢將鳳梨餡包入。

15　一隻手輕壓鳳梨餡,另一隻手慢慢用虎口將鳳梨皮推至包起鳳梨餡。

16　收口收緊。

17　搓成圓球狀。

18　再整形滾成圓柱狀。

19　取臺灣形狀的鳳梨酥框模。

20　將包好的麵糰放入模具中。

21　輕壓。

22　將表面壓平整。

烤焙脫模

23　將烤焙墊放在烤盤上,再放上整形好的鳳梨酥,放入烤箱上下火 150℃,烤 20 分鐘。

24　出爐,向上脫模。

171

一口酥

Amuse bouche

　　台灣古早味甜點，勾起小時候回憶！

　　這一款點心是我的母親，很喜歡的一款點心。我的小時候母親總是從傳統市場買了一袋這款小點心，當時年紀小覺得外型小巧，一口一口食用非常方便，當時有鳳梨或紅豆口味，有些許類似鳳梨酥的迷你版本。

　　隨著時代變化現今這類產品越來越少見了，或許因為做工稍許複雜一些，又或許是現在傳統糕點消費者選擇性多元，一口酥只會在少數的傳統烘焙店家販售。所以我將它收錄在書中，做為一個紀念。

材料 / Ingredient（重量 g）

酥皮	無鹽奶油（膏狀）	100
	糖粉	60
	全蛋	50
	低筋麵粉	210
	全脂奶粉	30
	泡打粉	1
	小蘇打粉	0.5
	合計	451.5
抹茶餡	綠豆餡	250
	抹茶粉	5
	沙拉油	10
	合計	265
紅豆餡	紅豆餡	100
	合計	100
裝飾	蛋黃液	適量
	黑芝麻	適量
	杏仁角	適量

份量 / Quantity ｜ 皮 120 公克 餡 100 公克

烤溫 / Baking Temperature ｜ 上下火 150 / 150°C

時間 / Baking Time ｜ 15 分鐘

小叮嚀 / Tip

① 一口酥的內餡可以變化出許多不同口味例如：鳳梨，綠豆沙，芋頭…等等。

② 這是一款很適合在中秋節後，利用做完餅的豆餡餘料做出另一款點心。

③ 一口酥出爐後即可品嚐，若未食用完建議放入密封盒中，常溫保存約可放置一週左右哦！

作法 / Method

餡料製作整形

1. 將沙拉油及抹茶粉混合拌勻。
2. 再加入綠豆餡中。 
3. 混合拌勻。 
4. 搓成長條圓柱狀,備用。 
5. 紅豆餡搓成長條圓柱狀,備用。 

酥皮製作

6. 攪拌缸中放入膏狀的無鹽奶油及糖粉。
7. 使用槳狀攪拌器。 
8. 打至稍微變白。 
9. 分次加入全蛋。 
10. 慢慢打至均勻。 
11. 加入過篩好的低筋麵粉、全脂奶粉、泡打粉及小蘇打粉,混合拌勻。 
12. 桌面撒上手粉(中筋麵粉)。

Part eleven - Taiwan　第十一章 - 臺灣

13 取出麵糰，放置桌面。

組合

14 分割每個麵糰 120 公克，搓成長條狀，壓扁。

15 放上搓成長條狀的抹茶餡。

16 用麵糰將內餡包起，輕滾均勻。

17 再用另一份麵糰放上紅豆餡。

18 同樣包法，包入紅豆餡。

19 使用刀子切掉不平整的部分。（可切可不切）

20 表面刷上蛋黃液。

21 切割成每個約 2 公分寬。

22 將烤焙墊放在烤盤上，再放上切好的一口酥，紅豆餡的一口酥表面沾上黑芝麻裝飾。

23 抹茶餡的一口酥表面沾上杏仁角裝飾。

烤焙

24 放入烤箱上下火 150℃，烤 15 分鐘。

175

醬香櫻花蝦米果

Galette de riz soufflé aux crevettes

　　米香基本分成兩種「油炸」與「非油炸」，此配方中所使用的是膨化米香為非油炸，傳統爆米香的材料是白米，利用壓力使米香膨發；而另一種米香為炸米香，是白米經過乾燥脫水之後再拿去油炸，這種米香表面會出現不均勻的小泡泡。

材料 / Ingredient（重量 g）

糖漿	80% 水麥芽	20
	二砂糖	15
	海藻糖	20
	白胡椒鹽	1
	水	10
	醬油	6
	味醂	6
	合計	78
主體	米香	70
	櫻花蝦 (乾炒)	8
	熟杏仁角	20
	熟白芝麻	10
	熟南瓜籽	適量
	合計	108

份量 / Quantity	16 個 / 7.5 公分圓、1.5 公分厚
烤溫 / Baking Temperature	上下火 100°C
煮糖溫度 / Temperature	135°C
器具 / Appliance	直徑 7.5 公分圓形塔圈模

小叮嚀 / Tip

① 米果餅可以常溫保存 2～3 週。

② 這類型產品製作時需要注意溫度，當米香拌入糖漿時冷卻速度加快，糖也越快變硬而不好塑型，米香外層的糖漿變硬也就無法黏合在一起，如果糖漿與米香太快冷卻可以利用烤箱餘溫而重複加熱使糖軟化。

③ 配方中的糖漿份量不多，避免一起混合時糖漿太快凝固，所以米香需要保溫備用。

作法 / Method

模具抹油

1. 使用模具 SN3217，直徑 7.5 公分圓形塔圈模。

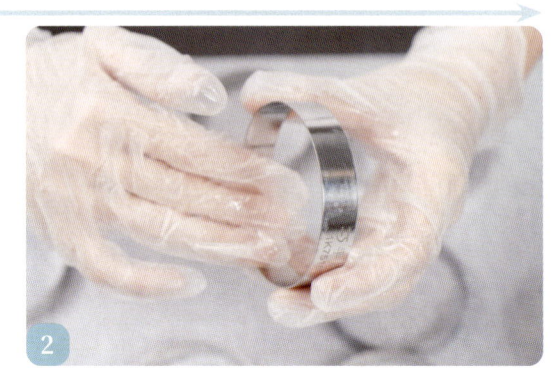

2. 將模具抹上植物油，放在放好烤焙紙的烤盤上，備用。

炒櫻花蝦

3. 鍋中放入櫻花蝦炒香。

炒芝麻

4. 鍋中放入白芝麻炒至變焦香。

保溫

5. 烤箱上下火 100℃，將米香、櫻花蝦及白芝麻混合放入鍋中，放入烤箱保溫。

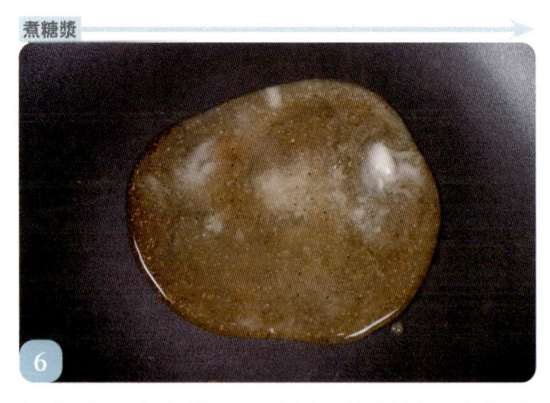

煮糖漿

6. 鍋中放入水麥芽、二砂糖、海藻糖、白胡椒鹽及水。

Part eleven - Taiwan　第十一章 - 臺灣

7　加熱至糖都融化，盡量不要攪拌，加入醬油及味醂。

8　混合拌勻。

9　煮到 135℃，將糖漿滴到常溫水中，呈現硬糖狀。

組合

10　取出保溫的米香櫻花蝦，加入糖漿中，拌勻後，可隔熱水保溫，避免糖硬掉。

入模成形

11　取適量米香放入抹好油的框中，輕壓平整，可將櫻花蝦調整至表面中間裝飾。

脫模

12　也可以再放入一些南瓜籽裝飾，整形好後，取下模具。

179

綜合堅果塔

Mini tartelette aux fruits secs

　　由塔皮與多種堅果及果乾組合的一道精緻小點心，小巧的造型食用起來優雅便利，不論是作為伴手禮或下午茶點都非常合適。

　　堅果塔是一款非常經典的甜點，塔皮的酥與堅果的脆在口感上完美結合，融合著奶香與豆香，裹上一層濃郁的焦糖味，讓濃醇香甜味更提升，絕對是一場味覺的豐盛饗宴。

材料 / Ingredient（重量 g）		
杏仁塔皮	無鹽奶油①（膏狀）	80
	糖粉	45
	鹽	1
	全蛋	45
	杏仁粉	64
	低筋麵粉	156
	合計	391
堅果內餡	葡萄糖漿	32
	細砂糖	54
	動物性鮮奶油	54
	蜂蜜	16
	鹽	2
	無鹽奶油②（融化的）	54
	熟南瓜籽	35
	熟夏威夷豆	110
	熟胡桃	70
	熟腰果	70
	蔓越莓乾	30
	合計	527

份量 / Quantity｜36 個 / 直徑 5.5 公分圓

烤溫 / Baking Temperature｜上下火 150 / 150°C

時間 / Baking Time｜20 分鐘

煮糖溫度 / Temperature｜115°C

器具 / Appliance｜直徑 5.5 公分花形塔

小叮嚀 / Tip

①保存：常溫可存放 15 天。

②堅果塔可以有不同的味道組合，例如蜂蜜、焦糖、咖啡、巧克力等。堅果種類可以更改成自己喜歡的不同種類的堅果，例如夏威夷果仁、杏仁、核桃、腰果、南瓜籽等。

作法 / Method

杏仁塔皮作法

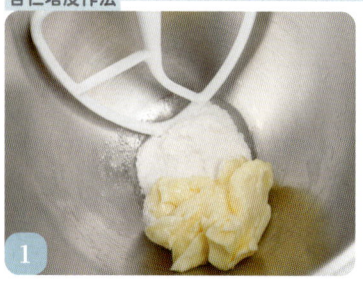

1. 攪拌缸中放入膏狀的無鹽奶油①及糖粉。 
2. 使用槳狀攪拌器,打至稍微變白。 
3. 分次加入全蛋。 
4. 攪拌均勻。 
5. 加入篩好的杏仁粉拌勻。 
6. 再加入篩好的低筋麵粉。 
7. 攪拌成糰。

整形

8. 取出麵糰,上下墊烤焙紙,使用厚度 0.3 公分的尺,墊在旁邊桿平,冰入冷凍約 20 分鐘。 
9. 使用直徑 5.5 公分花形圓形框,壓出形狀。 
10. 將壓好的麵糰,放在直徑 4 公分的半圓模上。

烤焙脫模

11. 放入烤箱上下火 150℃,烤 20 分鐘。 
12. 取出,將塔皮放涼。

Part eleven - Taiwan 第十一章 - 臺灣

堅果內餡作法

13 將動物性鮮奶油、蜂蜜、鹽及無鹽奶油②加熱，保溫備用。

14 將葡萄糖漿及細砂糖放入鍋中加熱。

15 煮至糖都融化。

16 呈現琥珀色。

17 加入混合好的【步驟 13】。

18 攪拌均勻，煮至 115℃。

19 倒入 100℃保溫好的堅果果乾。

20 攪拌均勻。

21 煮好的堅果內餡，可隔熱水保溫，避免糖漿硬化。

組合

22 取堅果內餡填入塔殼中。

23 填好後再放入烤箱，上下火 160℃，烤 6 分鐘。

24 取出放涼後即完成。

珍珠奶茶達克瓦茲

Dacquoise thé de perle tapioca

關於達克瓦茲 Dacquoise 起源於法國的宮廷經典點心。將打發的蛋白與杏仁粉混合拌勻後，加入粉類增添蓬鬆感，且在烘烤前會撒上糖粉，此步驟是利用高溫烘烤後形成糖泡，就能烤出外層酥脆裡面柔軟的口感。

在各地不斷地改良研發後，也發展出將達克瓦滋填入橢圓形的模型中做出不同造型的達克瓦茲，內餡也變化出各地有地方特色的口味，這也讓此款點心更加多元更加流行。

我曾在法國留學 6 年，也發揮創意將法國達克瓦茲與台灣意象代表的珍珠奶茶結合。

材料 / Ingredient（重量 g）

達克瓦茲	蛋白	140
	C300	2
	細砂糖	70
	杏仁粉 (160°C烤8分鐘)	70
	純糖粉①	36
	低筋麵粉	36
	合計	354
奶茶香草奶油霜	牛奶	25
	紅茶包	1包
	動物性鮮奶油	45
	純糖粉②	20
	葡萄糖漿	10
	無鹽奶油(膏狀)	105
	合計	205
表面	純糖粉③	適量
內餡	即食黑糖珍珠	100
	合計	100

份量 / Quantity	18 組
烤溫 / Baking Temperature	上下火 220 / 190°C
時間 / Baking Time	14 分鐘
器具 / Appliance	6.5*4.5 公分達克瓦茲模

小叮嚀 / Tip

① 為了避免在烘烤時消泡，烤箱務必提前預熱。

② 製作達克瓦茲使用純糖粉，烤出來的狀態會很漂亮，非純糖粉通常有添加澱粉，其製作烘烤過程會使外殼膨脹冷卻後造成龜裂。

③ 保存期限：冷藏可保存 5 天，拿出後就能立即享用；冷凍則能保存 15 天，拿出後須先退冰 15～20 分鐘再享用，口感會更好。

作法 / Method
達克瓦茲作法

1. 攪拌缸中放入蛋白及 C300。
2. 使用球狀攪拌器,打至起泡。 
3. 分次加入細砂糖,打發。 
4. 打到有紋路。 
5. 繼續打至乾性發泡。 
6. 將烤好杏仁粉、純糖粉①及低筋麵粉混合過篩。 
7. 加入蛋白霜中。 
8. 使用刮刀拌勻。 
9. 裝入擠花袋中。 
10. 烤盤上噴水,放上防沾烤焙布。 
11. 使用刮板將空氣刮出來。 
12. 放上達克瓦茲模具,擠入麵糊。

Part eleven - Taiwan　第十一章 - 臺灣

13 使用刮板,以 45 度角將表面刮平整。

14 輕輕地往上將模具取下。

15 表面撒上純糖粉③。

16 總共撒兩次糖粉,放入烤箱上下火 220/190℃,烤 14 分鐘。

奶油霜作法

17 將牛奶煮到 85℃沖入紅茶包,浸泡約 30 分鐘。

18 動物性鮮奶油、純糖粉②、葡萄糖漿及無鹽奶油放入攪拌盆中。

19 使用球狀攪拌器。

20 打製稍微變白,加入泡好的冷卻紅茶牛奶。

21 繼續打發。

組合

22 打均勻後,裝入擠花袋中備用。

23 取出烤好達克瓦茲放涼,擠上奶茶香草奶油霜。

24 中間擺上即時黑糖珍珠,兩兩一組組合。

187

英國

Part twelve
The United Kingdom

12

蔓越莓司康

Scones aux canneberges

　　英國下午茶的代表性點心，起源於 16 世紀的蘇格蘭，這道美味的點心流傳至今，每個糕點師傅都有著自己獨特的創意配方，變化出許多不同口味的司康。

　　英國人品嚐傳統的司康時，會習慣塗上手工奶油和果醬一起搭配，這才是他們覺得最美味的吃法。

材料 / Ingredient（重量 g）

麵糰	無鹽奶油（切塊冷凍）	70
	中筋麵粉	220
	泡打粉	5
	杏仁粉	30
	細砂糖	25
	鹽	1
	全蛋①	50
	動物性鮮奶油①	50
	蔓越莓乾	70
	合計	521
表面	全蛋②	50
	動物性鮮奶油②	50
	合計	100

- 份量 / Quantity ｜ 13 顆
- 烤溫 / Baking Temperature ｜ 上下火 160 / 160°C
- 時間 / Baking Time ｜ 15 分鐘
- 器具 / Appliance ｜ 直徑 5 公分慕斯框

小叮嚀 / Tip

①常溫保存可放約 1～3 天，冷凍司康可保存約 3 週左右。退冰後的司康，以 170°C 回烤大約 6 分鐘左右即可食用。

②粉油拌合時不能讓奶油融化，要讓整個麵糰有點微冰的溫度。

③麵糰不要過度揉捏避免出筋，司康麵糰很怕出筋，口感吃起來會硬硬的。

作法 / Method

麵糰製作

1. 切塊冷凍無鹽奶油、篩過的中筋麵粉、泡打粉、杏仁粉、細砂糖及鹽放入攪拌缸中。
2. 使用槳狀攪拌器。 
3. 攪拌均勻。 
4. 拌成砂礫狀。 
5. 分次加入全蛋①及動物性鮮奶油①攪拌均勻。 
6. 注意不要攪拌過度，會影響口感，拌成糰即可。 
7. 加入蔓越莓乾，拌勻。 
8. 成糰取出。 
9. 使用烤焙紙上下墊著，使用桿麵棍桿開。

Part twelve - The United Kingdom　第十二章 - 英國

10 桿約 2 公分厚度。

11 冰入冷藏 1 小時。

整形

12 使用直徑 5 公分慕斯框，壓出形狀。

13 不要浪費麵糰，一個接著一個壓出形狀。

14 邊緣剩餘的麵糰，可以再整形為厚度 2 公分麵糰再繼續壓。

15 壓好司康取出。

16 放在墊上烤焙紙的烤盤上。

17 先將全蛋②及動物性鮮奶油②攪拌均勻，在司康表面刷上全蛋鮮奶油液。

烤焙

18 放入烤箱上下火 160℃，烤 15 分鐘。

193

紅蘿蔔蛋糕

Gâteau aux carottes

　　紅蘿蔔蛋糕在英國和美國都很受歡迎，這是一道源自於中世紀歐洲的蛋糕。當時，糖的價格高又不好取得，為了增加蛋糕的甜味才使用紅蘿蔔來料理。

　　此款蛋糕質地柔軟且濕潤，再添加磨碎的紅蘿蔔、堅果碎和其他香料，進而產生微甜滋味與香氣而聞名。而表面裝飾使用經典的佐料，奶油乳酪打發的鮮奶油更能完美地襯托蛋糕的口感，讓這道甜點增添豐富的口感及味蕾的衝擊。

材料 / Ingredient（重量 g）

麵糊	蛋黃	85
	細砂糖①	50
	蜂蜜	16
	紅蘿蔔泥	65
	蛋白	210
	細砂糖②	65
	榛果粉	100
	杏仁粉	100
	T55 麵粉	82
	玉米粉	33
	泡打粉	8.5
	鹽	0.5
	熟杏仁角	33
	胡蘿蔔絲	146
	柳橙皮屑	4
	合計	998
裝飾	奶油乳酪	200
	動物性鮮奶油	300
	糖粉	40
	合計	540

份量 / Quantity｜700 公克 1 模

烤溫 / Baking Temperature｜上下火 150 / 150°C

時間 / Baking Time｜28 ～ 30 分鐘

器具 / Appliance｜6 吋蛋糕固定模

小叮嚀 / Tip

①紅蘿蔔蛋糕外層使用比例較高的奶油乳酪，所以抹面時會感覺比較粗糙的質地是正常的現象。

②製作好的紅蘿蔔蛋糕可以冷藏保存 4 天。

作法 / Method

麵糊製作

1. 紅蘿蔔刨絲，熟杏仁角放入攪拌盆中備用。 
2. 紅蘿蔔打成泥備用。 
3. 蛋黃、細砂糖①及蜂蜜放入攪拌缸中。 
4. 使用球狀攪拌器，打發。 
5. 麵糊畫8字不消失，即可。 
6. 放入紅蘿蔔泥拌勻。 
7. 蛋白加入細砂糖②，使用球狀攪拌器，打發。 
8. 打至蛋白霜約7分發。 
9. 分次加入蛋黃糊中，拌勻。 
10. 再倒回蛋白霜中，拌勻。 
11. 加入篩好的榛果粉、杏仁粉、T55麵粉、玉米粉、泡打粉及鹽拌勻。 
12. 加入紅蘿蔔絲、熟杏仁角及柳橙皮屑。

Part twelve - The United Kingdom 第十二章 - 英國

13 攪拌均勻。

14 使用 6 吋蛋糕固定模，模具中噴入烤焙油。

15 倒入麵糊約 700 公克 1 模，輕敲出空氣。

入模烤焙

16 放在烤盤上，放入烤箱上下火 150℃，烤 28～30 分鐘。

17 使用球狀攪拌器將奶油乳酪打軟，再加入動物性鮮奶油及糖粉打發。

18 打發，裝入擠花袋中備用。

鮮奶油打發

19 烤好的蛋糕脫模放涼，使用切割器平切成三片。

20 取一片中間擠上奶油乳酪鮮奶油抹平。

21 蓋上第二片蛋糕。

脫模組合

22 同樣手法疊三層。

23 表面抹上奶油乳酪奶油霜。

24 表面可參考圖片裝飾。

表面裝飾

197

英國磅蛋糕

Quatre-quarts fruits secs

　　磅蛋糕源於 18 世紀的英國。當時的磅蛋糕只有使用四種等量的材料：一磅糖、一磅麵粉、一磅雞蛋、一磅奶油。也因為奶油含量較高所以也稱為重奶油蛋糕。

　　這個配方和做法有別於傳統磅蛋糕，使用分蛋打發的做法，所以口感上比較沒有那麼的厚重。而且配方中果乾比例比較高，喜歡水果條磅蛋糕的朋友一定要來製作看看。

材料 / Ingredient（重量 g）

果乾

項目	重量
綜合果乾（葡萄、蔓越莓、青葡萄）	180
蘭姆酒	適量
黃檸檬皮	1 顆
合計	185

麵糊

項目	重量
泡好酒的綜合果乾	180
無鹽奶油（膏狀）	130
細砂糖①	100
蛋黃	50
低筋麵粉	200
泡打粉	3
蛋白	83
細砂糖②	30
杏仁片	適量
合計	776

份量 / Quantity	360 公克 1 條
烤溫 / Baking Temperature	上下火 150 / 150°C
時間 / Baking Time	40 分鐘
器具 / Appliance	磅蛋糕模

小叮嚀 / Tip

① 出爐前使用竹籤測試，將竹籤垂直刺入蛋糕體中心，取出後竹籤上不沾黏麵糊代表已經烤熟了。

② 磅蛋糕出爐後，室溫冷卻 20 分鐘，稍稍微溫時包裹上一層保鮮膜可以讓蛋糕的濕潤度增加。

③ 常溫蛋糕室溫熟成 1～2 天時品嚐風味最佳。

作法 / Method

果乾前置作業

1. 將綜合果乾、蘭姆酒及黃檸檬皮浸泡 1 晚。

麵糊製作

2. 膏狀的無鹽奶油及細砂糖①放入攪拌缸中,使用球狀攪拌器。 
3. 使用中速,打發至變白。 
4. 分次加入蛋黃打勻。 
5. 慢慢加入蛋黃打均勻。 
6. 加入一半篩好的低筋麵粉及泡打粉。 
7. 攪拌均勻,備用。 
8. 蛋白放入攪拌缸中。 
9. 使用球狀攪拌器,打至起泡。 
10. 分次加入細砂糖,打發。 
11. 打至濕性發泡。 
12. 將打發蛋白分 3 次加入麵糊,輕輕攪拌均勻。

Part twelve - The United Kingdom　第十二章 - 英國

13 輕輕攪拌均勻。

14 再加入另一半篩好的低筋麵粉和泡打粉。

15 攪拌均勻。

16 加入浸泡好的果乾。

17 攪拌均勻。

18 將拌勻的麵糊裝入擠花袋中。

入模烤焙

19 抹具抹上軟化的無鹽奶油，再倒入高筋麵粉裹上整個模具，倒入麵糊約 360 公克。

20 蛋糕中間可擠一條膏狀奶油，可使蛋糕中間開裂更漂亮。

21 再撒上杏仁片。

22 放入烤箱上下火 150℃，烤 40 分鐘，出爐前使用刀子或蛋糕探針測試是否完全熟透。

脫模

23 出爐後，脫模放在置涼架上放涼。

24 完成。

201

英國奶酥餅乾

Biscuit sablé écossais

　　英式奶油酥餅 Shortbread，源自於英國蘇格蘭地區的餅乾，傳統食材只用了三種食材：奶油，糖和麵粉，就製作出這款經典的餅乾。

　　這是一道充滿奶油香氣，很容易讓人一口接著一口，非常順口的點心，這也是英國人下午茶必備的點心之一。市面上一款紅色蘇格蘭格紋印花包裝的餅乾，品牌 Walkers 最爲出名。

Part twelve - The United Kingdom　第十二章 - 英國

材料 / Ingredient（重量 g）

麵糰		
	無鹽奶油 (膏狀)	100
	糖粉	35
	鹽	2
	香草籽醬	2
	低筋麵粉	150
	玉米粉	20
	全脂奶粉	15
	合計	324

烤溫 / Baking Temperature ｜ 上下火 150 / 150°C

時間 / Baking Time ｜ 25 分鐘

小叮嚀 / Tip

① 常溫保存可放約 2 週。

② 麵糰不要過度揉捏避免影響酥餅的酥鬆口感。

203

作法 / Method

麵糰製作

1. 膏狀的無鹽奶油、糖粉、鹽及香草籽醬放入攪拌缸中。 
2. 使用槳狀攪拌器,打至變白。 
3. 加入過篩好的低筋麵粉、玉米粉及全脂奶粉。 
4. 繼續攪拌。 
5. 攪拌成糰。 
6. 取出。

整形

7. 取出麵糰,整形。 
8. 取烤焙紙 
9. 烤焙紙上下墊著麵糰,桿開。

Part twelve - The United Kingdom　第十二章 - 英國

10 桿平。

11 約桿成厚度 1 公分。

12 取出麵糰整形。

13 桿長。

14 使用烤焙紙包起，冷凍冰硬。

15 切約 3*8 公分大小。

16 每片切一致的長方形，放在鋪好防沾洞洞烤網的烤盤上。

17 使用筷子等距戳洞，約 10 個。

烤焙

18 放入烤箱上下火 150℃，烤 25 分鐘。

法布甜
AR's Patisserie
健康伴手禮第一品牌

台灣必買伴手禮~
賀 年銷超過千萬個~

法式達克瓦茲鳳梨酥
Pineapple cake

世界美食評鑑三冠王

MONDE SELECTION 2021 GOLD AWARD | 2021 A.A. TASTE AWARDS | INTERNATIONAL TASTE INSTITUTE 2020 BRUSSELS SUPERIOR TASTE AWARD | MICHELIN 2020 米其林大會指定品牌伴手禮

法布甜官網 ｜ Angle寵粉群

Betty's BAKEWARE

焙蒂絲

★ 居家烘焙好幫手 ★
DIY烘焙器具的最佳選擇

TRY ME!

FB粉絲團

良嘉貿易股份有限公司
地址:新北市五股區五權八路31號4樓
電話:02-82851502
傳真:02-82850692

潔西卡的甜點登機證
Tour du monde pâtisserie

潔西卡的甜點登機證
莊怡君 Jessica 著 . -- 一版 [新北市]
上優文化事業有限公司 , 2025.03
208 面 ; 19 x 26 公分 . -- (烘焙生活 ; 58)
ISBN 978-626-98932-7-0（平裝）
1.CST: 點心食譜
427.16　　　　　　　　　　　114000567

作　　　者	莊怡君 Jessica
總 編 輯	薛永年
美 術 總 監	馬慧琪
文 字 編 輯	董書宜
美 術 編 輯	董書宜
攝　　　影	王隼人
協 助 助 手	曾怡楨、翁婉筑
出 版 者	上優文化事業有限公司
	電話 (02)8521-3848　／　傳真 (02)8521-6206
	信箱 8521book@gmail.com（如任何疑問請聯絡此信箱洽詢）
	官網 http://www.8521book.com.tw
	粉專 http://www.facebook.com/8521book/

|上優好書網| |粉絲專頁|

印　　　刷	鴻嘉彩藝印刷股份有限公司
業 務 副 總	林啟瑞　電話 0988-558-575
總 經 銷	紅螞蟻圖書有限公司
	電話 (02)2795-3656　／　傳真 (02)2795-4100
	地址 台北市內湖區舊宗路二段 121 巷 19 號
網 路 書 店	博客來網路書店　www.books.com.tw
版　　　次	一版一刷：2025 年 3 月
定　　　價	550 元

Printed in Taiwan 版權所有・翻印必究
書若有破損缺頁，請寄回本公司更換